JN059169

Achieving Net Zero Economy by DX

カーボン
ニュートラルの
経済学

2050年への戦略と予測

小林光・岩田一政
日本経済研究センター 編著

日本経済新聞出版

はじめに

気候変動に関する専門家、科学者が集まるＩＰＣＣは２０２１年８月に第６次報告をまとめ、温暖化のスピードが上がっていることを指摘しました。国連の報告では、２０２０年の台風や暴風雨による被害は10兆円に達しています。

先進国に温室効果ガスの削減を義務付けた京都議定書が採択されたのが１９９７年、全世界に温室効果ガスの削減努力を具体的に求める仕組みを規定したパリ協定が誕生したのは２０１５年。その間も地球の気温は上昇しつづけ、ＩＰＣＣは21世紀中の気温上昇を産業革命前から１・５℃以内に抑えるように警告していますが、まもなく１・５℃に達してもおかしくないと第６次報告は警鐘を鳴らしています。

台風や暴風雨だけでなく、干ばつや海水温上昇による深刻な食料生産への打撃、海面上昇や砂漠化による難民の急増、生物多様性の崩壊など人類の生存状況について心配する声も少なくありません。世界銀行は、温暖化によって２０５０年までに2億人以上の難民が出るだろうと21年9月に公表したレポートで懸念を表明しています。

人類はこれまで近代合理主義にもとづいて科学技術を進歩させ、工業化と結びつけることで産業革命を成し遂げ、豊かな社会を実現しました。しかし蒸気、電気、コンピュータをベースにした第一次から第三次までの産業革命を支えたのは、大量のエネルギー、資源の投入です。ＩＰＣＣや世銀の警告は、この成長パターンに限界がきていることを示すものではないでしょうか。

日本経済研究センターは、エネルギー消費と経済成長、地球温暖化問題の関係について２０１１年３月の東日本大震災、福島第一原子力発電所事故を契機に本格的に分析、予測、政策提言を始めました。元環境事務次官の小林光氏、元原子力委員会委員長代理の鈴木達治郎氏が当センターの特任研究員に就任し、それ以来、中長期経済予測の中核的なテーマになっています。

２０１５年度からはＩＣＴ（情報通信技術）の進化・深化の経済影響について分析し始めました。現在ＤＸ（デジタルトランスフォーメーション）、あるいは第四次産業革命と呼ばれていることの影響です。大量のデータをＩｏＴ（モノのインターネット）などによって収集し、ＡＩ（人工知能）で分析することで生産性を向上したり、新規ビジネスを開拓したりすることが可能になっています。成長の原動力が、資源やエネルギーの大量投入から情報やデータをフル活用する仕組みに移行しようとしています。

地球温暖化問題とＤＸによる経済社会のデジタル化は一見関係がないように思えますが、ＤＸが進むと脱資源・エネルギーも進みます。新聞や雑誌、書籍が電子化すると、紙も輸送トラックも印刷工場も実店舗も不要になる可能性があります。省エネ・省資源ではなく、脱エネ、脱資源です。

キャッシュレスになれば、金融機関の店舗もＡＴＭも不要になるでしょう。オンライン会議システムが今のペースで進化すれば、わざわざ毎日オフィスに集まる必要はなくなります。オフィスや通勤、出張という概念を根本から揺さぶり、運輸業に大きな影響を与えるでしょう。新幹線や航空機、タクシー、バスといった交通手段同士での競争ではなく、ＤＸによる社会の変化が真の競争相手となったとき、運輸業のエネルギー消費が受ける影響は計り知れないものになります。

温暖化問題への対応は、世界の指導層の間では「待ったなし」と考えられています。米巨大ＩＴ企業は、サプライチェーン全体を脱炭素にしようとしています。脱炭素を目指さなければ彼らとビジネスができなくなります。

日本は「２０５０年脱炭素社会（カーボンニュートラル：ＣＮ）実現」、２０３０年度46％削減を掲げました。しかし産業界を中心に総論賛成、各論反対という本音は根強いままです。またコロナ禍にあっても社会全体として、テレワークが進まず、行政のデジタル化の遅れで機動的なコロナ対応はできないままです。失われた30年を経て、変化することへの恐れ、拒否感が、日本全体に染みついているようです。

本書ではＤＸを加速することで、生産性の向上、脱炭素を実現する変革の道を描いています。簡単な道程ではありませんが、社会が挑戦する気になれば、不可能な変革ではありません。既存の有力産業が大幅に縮小したり、サプライチェーンがまったく変わってしまったりするなど経済構造の大変革は避けられず、それなりの痛みは伴うと思いますが……。

本書『カーボンニュートラルの経済学』は、簡単なことを小難しそうに説明することは可能な限り避けています。ビジネス感覚、経済感覚があれば、読めるようにしたつもりです。多くのビジネスパーソンが正しい大局観を持ってこの大変革を積極的に推し進められることになる、それを応援したいと考えたからです。経済学は使ってもらえれば、大いに役立つ、というのが日本経済研究センターの信条です。より深く経済学に関心を寄せてくださる方は、「テクニカルノート」や巻末の「CN（カーボンニュートラル）キーワード」をご覧ください。

本書をまとめるにあたり、当センターの「未来社会経済研究会」「デジタル社会研究会」（どちらも座長は岩田一政）に参加、お話しいただいた有識者、専門家の方々から貴重な助言をいただきました。この場をお借りして深くお礼を申し上げます。文中の意見と残る誤りはすべて筆者らのものです。

それではデジタルとグリーンによる成長を感じる旅のページを開いてください。

２０２１年10月

日本経済研究センター　政策研究室長　小林辰男

カーボンニュートラルの経済学　目次

第2章 構造——産業地図 様変わりも

第6章 政策——地球環境で各種規制の統合を

CN（カーボンニュートラル）キーワード

【カーボンニュートラル】
【外部不経済】
【限界費用均等化（限界削減費用）】
【気候変動と経済のモデル分析】
【時間選好率】

序章

2050年——2つの選択

脱炭素（カーボンニュートラル）社会をめぐっては、科学者が警告を発しても、地球温暖化に懐疑的な人や地球環境よりも目の前の経済成長を優先したい人が少なからず存在する。デジタル革命ともいうべきDX（デジタルトランスフォーメーション）も、積極的な対応で成長を目指そうとする人と、「アナログ日本」で生き延びようと拒否反応を示す人に分かれる。

それぞれの選択には、それなりの理由はあるが、人類の将来にも関わる重い選択になる可能性がある。ここでは、第1章以降で分析、予測、提言する2050年の未来をのぞいてみる。

選択A　温暖化の未来——グリーンもDXも豊かな社会も放棄した

「観測史上、最大の豪雨です」「明日からは最高気温40℃が1週間続きます」

ネットから流れるニュースを「まほろば銀行」の取締役・総合企画部長の小森達郎（49歳）は生温い冷房のオフィスで大規模なリストラ計画を作成しながら、聞き流していた。「先週も

図表 序−1　DX・グリーン成長か、温暖化・マイナス成長か、選択が迫られる2つの未来

2050年脱炭素（カーボンニュートラル）社会　≒　経済社会構造の大変革

温暖化の未来（CO_2は半減に）	脱炭素社会の未来
3℃上昇 コントロール不能の自然災害が多発 農林水産業へ大打撃 DX化の遅れで成長産業なく、変革なし	1.5℃上昇 自然災害は想定内 農林水産業への打撃なし DX加速：生産性向上、化石燃料依存、製造業依存を脱却
2030年代から恒常的なマイナス成長、50年にはコロナ禍前（2018年度）のGDP水準を下回る	人口減少下でも2050年のGDPはコロナ禍前（2018年度）の水準を7％強上回る

そんなこと言ってたな。今年、何回目の観測史上最大や」と慣れっこになっているからだ。「観測史上最大」は梅雨の時期の「季語」になっていた。豪雨が収まると気温40℃、これもおきまりのパターン。

自然災害は毎年のように発生し、10年前から北海道以外では米作は、ほとんど不可能になっていた。農林水産業への被害は深刻。世界では温暖化による海面上昇、砂漠化で大量の難民が発生していたが、日本は、国際世論の批判を浴びつつ、難民受け入れは拒否した。

国際世論への配慮より重要と国民が考えるのが、洪水や崖崩れによる社会インフラの破壊。日々の生活に大きな影響を与えていた。幹線道路の冠水による通行止め、停電の長期化などは当たり前でニュースにならない。修復したくても２０３０年以降、人口減少と急速な高齢化によって経済はマイナス成長が続き、自然災害に対応する予算は十分に確保でき

温暖化により水没の危機にある太平洋の島国ツバル
（写真提供　共同通信イメージズ）

ない状況だ。税と社会保険料を大幅に引き上げ、国民負担率は50％を超えた。政府債務残高比率はＧＤＰ比３００％に達している。国債を財源にしようとしても、これ以上の発行は国家破綻の恐れがあり不可能だ。

温暖化対策と経済成長の両立を図る機会がなかったわけではない。小森がＷ大工学部の大学生だった２０２０年秋、当時の菅義偉首相が国会で「２０５０年脱炭素社会宣言」をした。脱炭素への中間目標として30年度までに「13年度比46％削減」を温室効果ガス（主にCO_2）削減目標とした。

グリーンとデジタルを成長の柱にし、脱化石燃料社会への変革を狙い、CO_2排出に課税する環境税（炭素税）導入も検討された。しかしコロナウイルス感染症対策で躓いた菅内閣が21年秋に退陣に追い込まれ

図表 序－2　大気中のCO_2濃度は増え続けている

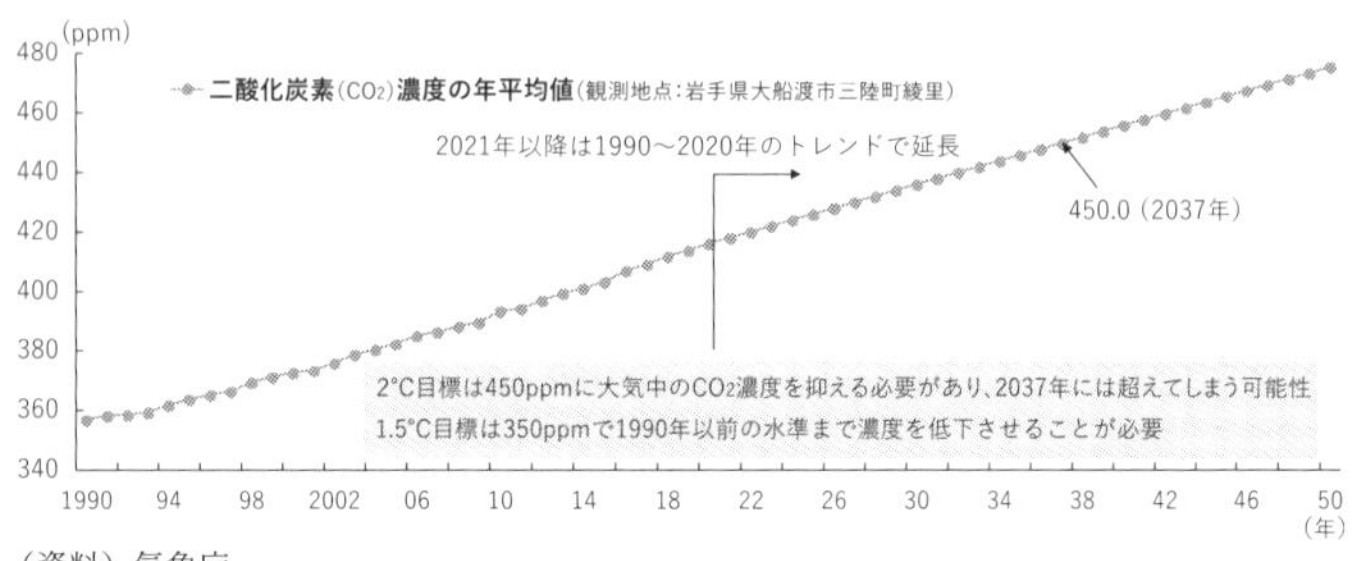

（資料）気象庁

たことがきっかけで脱炭素への意欲は急速にしぼんだ。

コロナウイルスへの短期的な対応で、政府も企業も国民も頭がいっぱいだった。コロナ後の景気対策を求める声が渦巻き、バラマキ的な飲食・観光産業支援を優先してしまった。今にして思えば、コロナ感染の拡大は日本が変わる大きな機会だった。

オンライン会議が市民権を得て、在宅勤務やオンライン授業も社会から「公認」されようとしていた。ハンコも不要という議論が盛り上がり、インターネット通販も一気に拡大した。電子マネーなどを使ったキャッシュレス決済時代も幕開け寸前だった。電気自動車（ＥＶ）や自動運転技術の普及への期待も盛り上がっていた。「日本もＡＩ（人工知能）をフル活用したＤＸ革命が始まる」と大学生だった小森は感じた。そんな社会変革への期待を持って「まほろば銀行」へ２０２３年春に入社した。

フィンテックと呼ばれた金融デジタル技術を駆使してキャッシュレス化を促進する理系人材として採用されたが、現実はシステムトラブルへの対応に追われる日々だった。合併行だったので、システムはボロボロ、キャッシュレス化はまったく手つかずだった。

「小手先のシステム改修をしてもどうにもなりません。DXでキャッシュレスな金融ビジネスを目指してはどうですか。支店もATMも不要です。エネルギー消費量は激減し、エコな銀行としてグリーン成長も打ち出せますよ」と25年春に最年少部長の奥村由美子フィンテック部長に同行した役員会で提案してみた。

反応は最悪。支店どころか、ATMも2030年代末には全廃、本店スペースも3分の1以下になる話に、新宿支店長の北田剛取締役が「支店はお客様との大事な接点、廃止しては銀行業が成り立たない。フィンテックやキャッシュレスとか、何のビジネスになる。支店やATMを廃止し、これまで貢献してきた行員仲間の解雇が目的か。俺たちは小理屈でなく、足で稼いで顧客開拓してきたんだ」と噛みついた。「まるでラッダイト運動だな」と役員会で感じたことを小森は今でも鮮明に覚えている。

通貨をデジタル化してキャッシュレス社会を到来させることに各国政府が慎重だったこともあり、フィンテック部は2026年に解散になった。奥村部長は怜悧さ全開の能面の表情で「ここでは何もできないわ」と言って米巨大IT企業ジャングルの金融部門へ去った。「部長は語学という武器があっていいよな」とうらやんだのも20年以上前だ。

DXへの抵抗は、まほろば銀行と取引がある日本企業でも同じ。オンライン会議で済む簡単な話でも「相手先まで出向くのが礼儀」と往復で1時間かけて得意先回りをしていた。得意先も、融資内容や条件よりも、足を運んでもらえることに喜びを感じる〝おじさん〟ばかり。〝おじさん〟の雇用とプライドを直撃するＤＸへの拒否感は「半端」なかった。

フィンテック部の次は、「これからはグリーン、脱炭素、エコがビジネスになる。融資先を開拓せよ」との同行の方針で環境・エネルギー融資部に回された。「若い理系の知識をフル活用して目利きしてくれよ」と励ましの言葉をくれたのは、常務になっていた北田だったので、不安がよぎった。

最初は、洋上風力プロジェクト、メガソーラーだと計画は次々と舞い込んだ。有望そうな融資案件も数多かった。しかし送電網の整備が遅れ、計画は次々と挫折。政府も電力会社も火力にこだわり、再生可能エネルギーの普及に必要な送電網の整備に二の足を踏んだからだ。送電網整備のコストを誰が負担するのか？　事業者なのか、利用者なのか、それとも公的資金なのか、話がまとまらなかった。

経済成長が低迷したため、電力需要も伸びず、２０３０年代に入ると、再エネの普及拡大への意欲は消えていた。「火力への融資が必要だ。電気は最重要社会インフラだからな」と２０３０年に頭取になった北田に言われたときは、小森は課長に昇進していたが、この人なら「さもありなん」と思いつつ、長いものには巻かれるというサラリーマン生活がすっかり板についていた。

先進国のエネルギー源は、再エネが主流へと変化していったが、日本は「再エネはコスト高」という声が産業界中心に大きく、化石燃料に頼る経済社会が継続した。再エネを主体とするエネルギー供給網構築には、一時的に数十兆円かかることは確かだが、パラダイムシフトが起きていることを理解できなかった。

「交通システムが馬車から自動車になったら信号もいるし、道路の舗装整備も必要。石油も新たに掘る必要がある。ドライバーの育成も欠かせない。かえってコスト高になる」と主張して、馬車にこだわっているみたいなものではないかと小森は感じていたが、有力な取引先がこぞって再エネの大幅拡大に反対していたので、北田の前では口には出さなかった。「日本国中、いつまでラッダイト運動をするんだろう?」と思った2030年代だった。

2040年には世界の自動車はEVへ移行していた。しかし日本では自動車メーカーTONDAの力が強く、ガソリンを燃料にするハイブリッド車が主流となり、国内ではEV生産は根付かなかった。自動運転技術については、技術はあっても社会実装できず、先進国の20年遅れの状況に陥っている。自動車の国内生産は、縮小均衡が止めどなく続く国内市場向けしかなく、自動車関連の中小企業は、まほろば銀行の融資先として残ったが、融資額はかつての半額以下、融資の収益はほぼゼロだ。

輸出の稼ぎ頭だった自動車は、十分な温暖化対策を実施していない国からの輸入品に課税する国境炭素税(生産時に発生したCO_2排出量に応じて課税)として1万円/トンCO_2が輸出先で課税され、価格競争力を失ってしまった。2030年には国内と同じ税率の国境炭素税の導入が、貿易ルール上も認められ、国際標準になっていた。化石燃料を使い続ける日本は国内に本格的な炭素税が導入できず、国境炭素税は一方的な支払いとなっている。

グリーンもＤＸも成り行きまかせ、時代環境が変わっても主体的には何も変えない対応は、１９９０年代から始まった「失われた30年」と同じ、と10年前に亡くなった父親から聞かされた。それでもＣＯ$_2$排出量は半減した。削減率だけなら世界の平均程度になっている。なぜならマイナス成長が続き、生活水準が2割低下したうえ人口減少、世帯減少、高齢化が進み、皮肉なことにエネルギー消費量は減少したからだ。

ただし２０５０年脱炭素にはほど遠い。他の先進国は再エネ普及もＥＶ移行もＤＸ社会実現もほぼ達成しており、脱炭素にあと一歩まで迫っている。日本国内は産業構造も生活様式も30年前と基本はほとんど変わっておらず、75歳以上の人口が25％を占める超高齢化した今からでは、変わりようもない。新たな投融資先も、国内にはほとんど見つからない。

現在ジャングル・ジャパン会長の奥村由美子（65歳）に、小森は「50代の人生をどのように過ごすべきか？」相談メールを送ろうと考えている。来週には総合企画部長として行員の大リストラを公表しなくてはならない。支店もＡＴＭも半減させる必要があり、自らも詰め腹を切るからだ。奥村会長、例の能面の表情で「今さら手遅れ、人生の選択は自分でしてよね」という返信をよこしてくることは想像がつくのだが……。

選択B　カーボンニュートラルな未来——脱エネルギー・資源時代の到来

「今日も最高気温は34℃、暑い日が続きます」「日照りが続きます。来週は大雨になりますが洪水など大規模な被害は出ない見込みです」

ネットから流れるニュースを「まほろばファイナンス」ＣＯＯの小森達郎（49歳）は軽井沢の自宅で聞きながら、来週にも合意する米巨大ＩＴ企業ジャングルとの資本提携について最終的な詰めの作業をしていた。フィンテックをフル活用して借り手と貸し手をつなぎ、預金をまったく持たない金融機関にいよいよ生まれ変わる。「預金なしって。それは金融機関なのか？」自問自答していた。

気温上昇は産業革命から１・５℃に抑制されており、暑い夏、台風や大雨には見まわれたが、洪水や崖崩れなどの災害は抑えられている。農林水産業への被害も、品種改良や農法の改善で限定的になっている。北海道は温暖化の〝恩恵〟を受け、大米作地帯に変貌した。世界でも温暖化による大規模な海面上昇、砂漠化は起こらず、懸念されていた億を超える大量の難民発生は回避できた。

２０２０年代に懸念されていた温暖化による社会インフラの破壊は起こっていない。温暖化をコントロールできていることに加え、ＤＸをフル活用したデジタル日本に30年代には変貌したことで脱エネルギー・資源型の成長軌道に乗ったことが大きかった。成長を確保できたこと

図表 序−3　最近30年の気温上昇は顕著

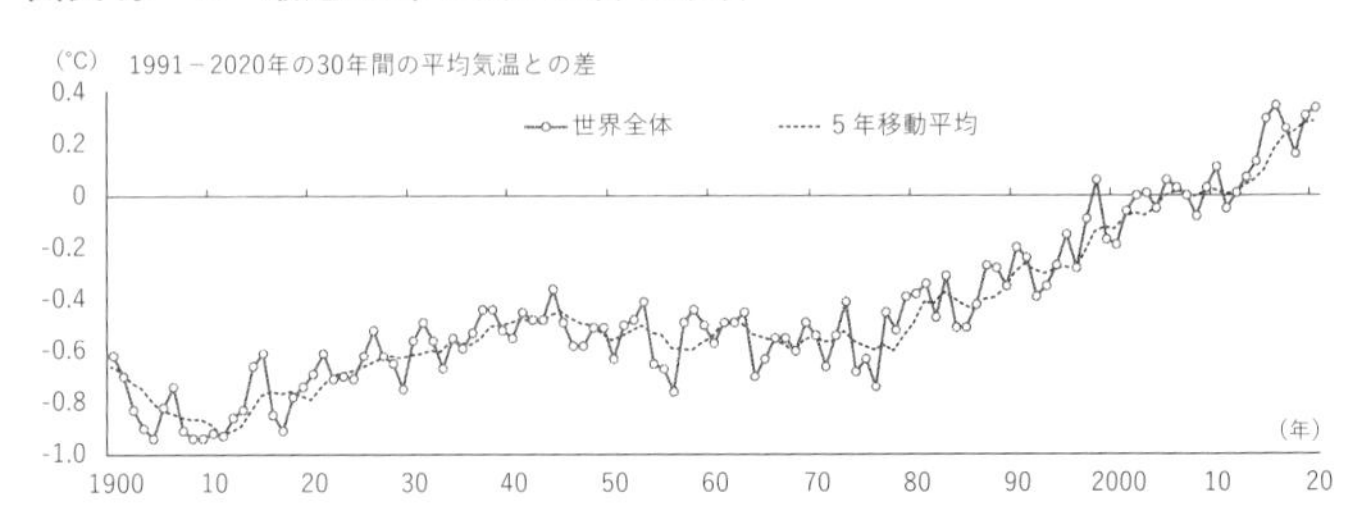

（注）世界気象機関（WMO）によると産業革命前1850～1900年の平均気温に比べ20年は1.2±0.1℃上昇
（資料）気象庁

で、自然災害に対応する予算は確保でき、税と社会保険料を大幅に引き上げても国民負担率は50％未満、政府債務残高比率はＧＤＰ比２００％にとどまっている。

温暖化対策と経済成長の両立を図る契機は、小森がＷ大工学部の大学生だった２０２０年秋、当時の菅義偉首相が国会で「２０５０年脱炭素社会宣言」をしたことだ。脱炭素への中間目標は30年度までに「13年度比46％削減」とした。グリーンとデジタルを成長の柱にし、脱化石燃料社会への変革を狙い、CO_2排出に課税する環境税（炭素税）は２０２６年に導入された。このときにエネルギー課税はCO_2排出量に応じた炭素税に一本化した。コロナウイルス感染症対策でつまづいた菅内閣は21年秋に退陣に追い込まれたが、後の政権は脱炭素政策を最重要視した。

コロナウイルスへの対応も脱炭素を後押しした。コロナ感染の拡大で大人数での接触を回避するため、テレワークが推奨され、オンライン会議が市民権を得た。在宅勤務やオンライン授業が当たり前、ハンコも不要になった。在宅のまま買い物が可能なネット通販も一気に拡大した。電子マネーなどを使ったキャッシュレス決済も広がった。電気自動車（ＥＶ）や自動運転技術が２０２０年代末から急速に普及した。

「日本もＡＩ（人工知能）をフル活用したＤＸ革命が始まる」と大学生だった小森は感じた。そんな社会変革への期待を持って「まほろば銀行」へ２０２３年春に入社した。

フィンテックと呼ばれた金融デジタル技術を駆使してキャッシュレス化を促進する理系人材として採用された。入行当初はシステムトラブルへの対応に追われる日々だった。合併行だったので、システムはボロボロ、キャッシュレス化はまったく手つかずだった。

「小手先のシステム改修をしてもどうにもなりません。ＤＸでキャッシュレスな金融ビジネスを目指してはどうですか。支店もＡＴＭも不要です。エネルギー消費量は激減し、エコな銀行としてグリーン成長も打ち出せますよ」と２０２５年春に最年少部長の奥村由美子フィンテック部長に同行した役員会で提案してみた。猛反発を喰らうだろうなと思いつつ……。

意外なことに「営業一筋、顧客は足で開拓する」がモットーの新宿支店長・北田剛取締役が「支店になんて客は来なくなっている。このままでは銀行業はなくなる」と応援してくれた。米巨大ＩＴ企業が独自のデジタル通貨を発行し、決済だけでなく投融資業務にも乗り出そうとしていたことが、北田の「新たな収益源を早急に見つけねば」という危機感につながっていた。

北田は「すぐに工程表を作成しろ、ただし生首を飛ばすような計画は御法度だからな」と何かとやり過ぎる奥村・小森コンビに釘を刺すことも忘れなかった。

通貨をデジタル化してキャッシュレス社会を到来させることに当初は慎重だった各国政府だが、中国がデジタル人民元を発行しようとしていたり、巨大ＩＴ企業Ｂａｃｋｂｏｏｋが独自デジタル通貨を出そうとしていたりという動きを受けて、通貨のデジタル化へ舵を切り始めた。フィンテック部は２０２６年に本部に昇格し、奥村は最年少で本部長に昇進した。27年には「銀行」という名前はこれからの事業を表さないとして、社名を「まほろばファイナンス」とした。旗振り役は常務になっていた北田だった。小森が25年末に大規模なリストラ、人員整理なしで金融ＤＸ工程表を作成したことで「銀行」と決別する踏切りがついたようだ。

金融のデジタル化を推進した時期は、１９８０年代末から90年代初めのバブル期の大量入行組が定年を迎えていたことも幸いした。ＤＸについて行けない人には辞めてもらう必要があったが、自然減で対応でき、大きな雇用問題にはならなかった。「決して能力が低かった連中ではないのだがな。これも時の流れか」と同じ釜の飯を食べた連中が次々と定年や早期退職で去って行く姿を見送ったのは北田だった。

予測通り２０３０年代末には支店もＡＴＭも不要になり、本社スペースも銀行時代の３分の１になった。エネルギー消費は10分の１になった。最低限のコアの仕事以外は外部のＤＸ人材にお願いしているので、昨今では社内人員が10分の１になった。終身雇用とか定年制などという言葉も社内から消失した。

ＤＸでの計算違いは、銀行の支店は「都心の一等地」にあるので、高く売却できると考えていたことだ。社会全体のＤＸが加速し、金融に限らず、オフィスは無用の長物と化しており、二束三文で売却せざるを得なかった。

フィンテックの次は「これからはグリーン、脱炭素、エコがビジネスになる。融資先を開拓せよ」との同社の方針で環境・エネルギー融資部に回された。「若い理系の知識をフル活用して目利きしてくれよ」と励ましの言葉をくれたのは、やはり北田だった。洋上風力プロジェクト、メガソーラーと計画は次々と舞い込んだ。

政府が再エネ重視の路線を打ち出し、送電網の整備などに乗り出したことや、２０３０年46％削減に向けてエネルギー課税を炭素税に一本化して２０２６年に本格導入したことも、大きな要因になった。２０３０年、フィンテックと環境エネルギー路線を推進した北田は二階級特進で社長に就任した。

一般の国民に、炭素税の思わぬ効果として認識されることになったのが、ＤＸ加速だ。２０３５年にはＣＯ$_2$排出量１トン当たり５０００円で始まった炭素税が、１万円になっていたが、脱エネを進めるＤＸが再エネ普及よりも加速した。炭素税負担を可能な限り抑制するため、「会議はオンライン」がどこの企業も当たり前になり、紙にこだわっていた出版社や新聞社も電子化を加速させた。

都会では自家用車を手放す人が続出。週末に車に乗って日用品を買うためにショッピングセンターへ行けば、時間だけでなく、炭素税も負担しなくてはならない。国民の自己防衛意識が省エネに直結した。

運輸部門では２０４０年には乗用車はすべてEVになっていた。日本では自動車メーカーTONDAが自らの強みであったハイブリッド車路線を変更し、EV開発に全力を注いだことでEVが主流となった。自動運転システムはジャングルと共同開発した。完全自動運転が急速に普及した２０３５年以降、自動車は所有するモノではなく、利用するモノに変わった。

稼働率は自家用車の10倍程度に上がり、自動車生産台数は激減したが、自動車会社は車をかつてのスマホ代わりにした運輸情報サービスをIT企業と協力して担うようになっていた。自動車を販売する企業ではなくDX企業に変貌していた。

ジャングルでTONDAとの協力プロジェクトを率いていたのは、かつての上司、奥村由美子だ。彼女はフィンテックと英語の能力を買われて２０３０年にジャングルにヘッドハンティングされていた。まほろばを去るとき、奥村は「あとは任せたわ。北田社長の後ろ盾があれば、大丈夫。また会う日もあるでしょう」と、怜悧さを包み隠す由美子スマイルを残して去っていたことを昨日のように覚えている。

DXは金融や自動車だけでなく、メディアや小売などありとあらゆる分野で進行した。通勤などという概念は十数年前になくなっていた。小森も軽井沢から東京・大手町の本社オフィスに顔を出すのは1カ月に1回。あとはテレワークになっている。「本屋さん」という単語は死後。雑誌も書籍もすべてデジタル化されている。ショッピングセンターなど大規模小売店舗はネット通販が取って代わり、消滅した。化石燃料や資源の輸入は8割程度減少した。脱エネ・資源社会に移行したようだ。

日本はDXによって生産性が向上し、人口減少、世帯減少、高齢化は進んだが、2050年まで経済成長を維持した。その結果、エネルギー消費量も8割減少した。2050年脱炭素は現実味を帯びているが、残り2割をどうするか、地中にCO_2を埋設するのか、再エネをもっと増やすのか、その前にDXをもう一段加速させるのか、どちらにしても炭素税をもう一段、どこまで引き上げるのか、国会で議論になっている。民間も何が次の有力な産業になるかを見定めようとしている。投資家も迷っている。

「まほろばファイナンス」とジャングルとの資本提携は、グリーンとDXに挑戦する企業と投資家をつなぐマッチングに特化することが目的だ。これを機に預金・融資業務からは手を引くことになっている。ジャングルとまほろばの顧客データを合わせてAIで分析、最適な投資家と投資先を紹介する企業へ変身することが最終ゴール。ゴールがみえたら本社ビルも売却する予定だ。

ジャングル・ジャパン会長の奥村由美子(65歳)から「お互い齢を重ねたけど、また一緒に仕事ね。よろしく」とのメールが来ていた。まほろばファイナンスのCEOとして乗り込んでくるらしい。例の由美子スマイルを浮かべて「世界中、どこに居てもいいけど、24時間連絡がつくようにしておいてね」とCEO就任の第一声で言いそうで……。

第1章

展望——「実質ゼロ」への道

2030年に半減、50年には実質ゼロへ。政府は、従来に比べ一段と踏み込んだ温室効果ガス（主にCO_2）の削減目標を設定した。一見ハードルが高そうな目標は、どのような条件が整えば達成できるのか。自律的に省エネ・脱炭素が進む部分もあれば、政策による後押しが必要な部分もある。本章では2050年「**カーボンニュートラル**（CN）」社会実現への道を展望する。

自然体でも5割減に——省エネや人口減で

企業努力で半減までは可能だが、残りはDX（デジタルトランスフォーメーション）加速と政策刷新が必要——。日本経済研究センターが描いた実質ゼロへの行程だ（図表1-1）。2015年に排出していた二酸化炭素（CO_2）が12億トン。それを大きく4つの手立てでゼロに近づける。①省エネ・脱炭素への企業努力、②DX加速、③税制グリーン化、④CO_2の地下貯

図表1－1　2050年「実質ゼロ」への工程

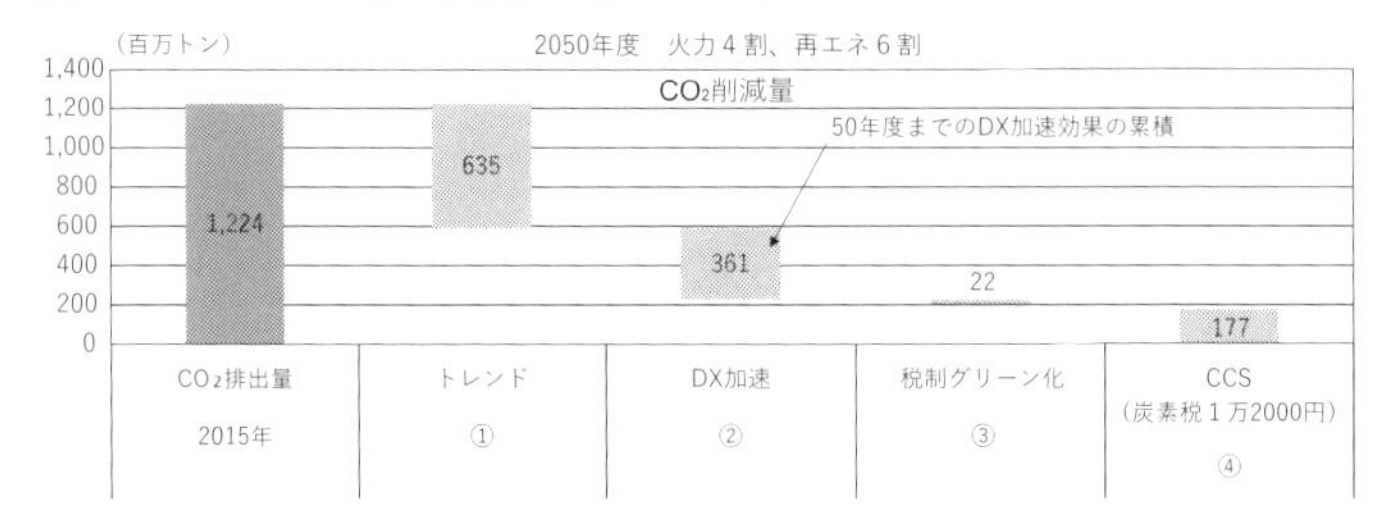

（注）1．2050年度にはDXによって各産業のエネルギー効率が改善、電源構成は火力4割に低下すると仮定した

2．図表1－3で想定した電源構成を超える再エネ（6割以上）は、それまでの1.5倍のコストがかかり、CO_2を地中へ埋めるCCSは1万円／トンCO_2から導入が始まると想定した。電力業界関係者からのヒアリング、科学技術振興機構低炭素社会戦略センターの試算を参考にした

3．炭素税収はすべて家計や企業へ還元

（資料）国立環境研究所「3EID」「日本の温室効果ガス排出量データ」、国民経済計算、経済モデルで試算

留だ。

まず①から説明しよう。脱炭素というと石炭火力の停止、再エネ拡充など、エネルギー（電源）供給側の刷新を連想することが多い。それも重要だが、最も削減への貢献が期待できる目標達成に欠かせないのが、利用側での省エネや脱炭素化だ。

例えば、東日本大震災を機に一気に普及したLED電球、燃費を著しく向上させたハイブリッド車の導入、オフィスビルや住宅の断熱性能の改善、老朽化した工場建て替えなどが相当する。

企業は生産性向上と省エネの両立を図る努力を続けている。化石燃料価格乱高下のリスクを回避する意味からも、この10年間、企業の省エネ・脱炭素は進んできた。２０１１～19年度の間にエネルギー効率（エネルギー／

図表1−2　エネルギー消費もCO_2排出も経済成長しても減る傾向にある

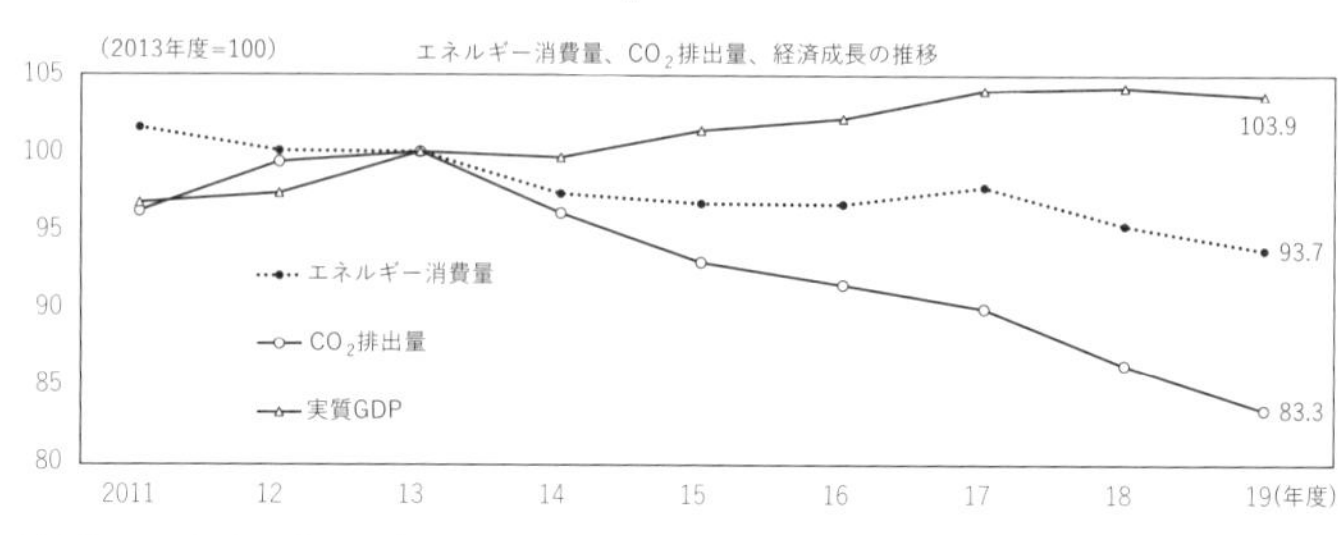

（資料）国民経済計算、日本エネルギー経済研究所データベース

GDP）は年平均1・9％、炭素集約度（CO_2／エネルギー）は同0・8％改善してきた（図表1−2）。

さらにエネルギー効率という面だけみれば、製造業の10分の1程度のサービス業へ徐々に経済全体がシフトすることも省エネにつながる。人口減少・高齢化によって自動車や住宅などモノへの需要は縮小が予測されるが、通信や娯楽、医療・介護などのサービスは底堅いと考えられるからだ。

こうした技術の衣替えによる省エネ進展や、サービス部門の拡大に伴うエネルギー需要の減少は、いわば経済に埋め込まれており、トレンド（基調）として期待できる部分だ。一定の企業努力を続ければ自然体で達成できるだろう。2015年を起点に、CO_2／GDPが年2・2％ずつ低下していくと、図表1−1①の6億3500万トンのCO_2削減が稼ぎ出せる。

DX加速でさらに3割減

さらに背中を押すのがデジタル化の進展だ。2050年頃までに見込まれる経済社会の変容をまとめたのが図表1－3だ。日本経済研究センターの研究会に参加する情報通信技術（ICT）やエネルギー・環境など産官学の第一線で活躍する専門家の見方を参考にしている。

例えばクルマはどう変わるか。先進国で2050年脱炭素実現を唱える国が相次ぎ、欧州では30年代にガソリン車やディーゼル車の販売禁止を表明する国が増えている。米巨大IT（情報技術）企業を中心に完全自動運転の技術は確立されつつある。ICTの進歩のスピードを考えると2050年を待たず、技術的には完全自動運転が実用化できるだろう。図表1－3で示すように50年ごろには、内燃機関を搭載した自動車はなくなっていることが予測される。

DX社会を支える情報通信も光コンピュータなどが実用化され、消費電力も格段に小さくなることが予測できる。エネルギー需給調整技術もICTで一段と進化し、4割程度の火力発電があれば、再生可能エネルギーの変動への対応に追加的なコストをかけることはないことを前提とした。

ただし、技術が進歩しても自然に実用化されたり、社会に受け入れられたりするわけではない。政策的な環境づくりが必要だ。自動運転を例にとろう。クルマの周りにある人やモノを感知するセンサーの能力や感知した動きを運転に反映させるソフトウエアの向上は必要だが、それに加えて自動運転を補助する道路側への通信インフラ設置、信号システムに変わる交通規制ルール、自動運転システムがトラブルを起こしたときのルール、事故時の責任の明確化などを

図表1−3　DX社会をベースにした2050年のゼロエミッション社会

- 自家発電は全廃、火力は4割、石炭・石油火力は全廃、残り6割は再エネ
- 産業部門の電化の推進により石油・石炭製品の投入が減少（ガソリン、灯油、軽油は原則ゼロ）
- 情報通信サービスは、量子コンピュータやNTT「IOWN」に象徴される光コンピュータなどの実用化で情報処理の消費電力が10分の1
- 自動車はすべてEV（電気自動車）かFCV（燃料電池車）
- シェアリングの活用で必要な自動車（トラック、バスも）は10分の1
- 自動車の自動運転普及による安全性向上とEV化により、鉄の利用を減らしプラスチック製品で代替
- 家庭部門での自動車購入はなくなり、家計の自動車利用はすべて運輸部門の提供するサービスに。自動車購入はすべて設備投資として扱う
- 家庭では、電化の推進により、ガソリン、灯油、都市ガスなどの消費がゼロに。熱供給は利用（集合住宅）
- 運輸（鉄道、道路）のガソリン、軽油、天然ガスの利用はゼロ
- 鉄道輸送は人口減、在宅ワークなどを考慮して80％減（通勤は週一日）、空の需要もオンラインの普及で同様
- 建設需要は基本的に人口減に併せて減少
- 医療・福祉の家計消費と政府消費をトレンドで延長
- 広告・情報、公務、教育・研究の紙の投入をゼロ（紙・パルプ産業では新しい洋紙・和紙は生産しない）、段ボールもDX化で減少
- 鉄の需要は鉄スクラップで賄うとし、鉄鋼はすべて電炉で生産。モーター向けなどの特殊鋼の需要は増加
- 情報社会を考慮し情報通信、事業所、個人サービスの中間需要や最終消費を上げ
- 世界的な低炭素化社会への対応から製造業の生産は大きく全般的に低下し、輸出も伸び悩む→半減から3分の1に
- 銀行の支店はキャッシュレス化に伴い、事実上ゼロに（100分の1）
- 小売り店舗は無人化

定めたりする法制度の充実も欠かせない。また完全なキャッシュレス社会を実現しようとすると、国内のみならず金融制度、政策面の整備について国際的な協力も必要になる。

ＤＸ加速の条件が整えば、人工知能（ＡＩ）やビッグデータを駆使したサービスが生まれやすくなる。エネルギーやモノを投入せずに、付加価値を得やすくなるからだ。これらが実現すれば、CO_2はさらに２０１５年の３割分を減らせる（図表1－1②）。

ちなみにＤＸ投資は生産性を向上させて省エネを促進する効果があり、エネルギー価格が上昇するとＤＸ投資は増加する。ＤＸはエネルギー投資と代替的な関係にある。後述する炭素税は**外部不経済**の見える化だけでなく、ＤＸ投資を促す意味もある〈テクニカルノート１参照〉。

１万２０００円の炭素税とCO_2の貯留も欠かせず

ＤＸ加速を織り込んでも削減できるCO_2は8割までだ。残りは政策的な削減策が必要になる。一つは炭素の量に応じて化石燃料に課税する炭素税の導入だ。もう一つは、CO_2を地中へ埋設するＣＣＳ（Carbon Capture Storage、CO_2の回収・貯留）だ。

炭素税導入が必要な理由は3つある。第一にCO_2排出を抑える効率的な仕組みであるからだ。これまではCO_2を出しても、排出者が直接その費用を負うことはなかった。実際には温暖化というコスト（被害）を生んでいる。こうしたいわば出しっ放しの迷惑を、経済学では「外部不経済」と呼ぶ。

炭素税は外部不経済を課税で「見える化」し、負担を求める仕組みだ。現在でもエネルギーには税がかかっているが、揮発油税などクルマの燃料を中心に重課されており、CO_2への負担を求める点からは歪んだ形になっている。これを炭素含有量に応じた税に改める必要がある。「税制のグリーン化」だ。

炭素税導入が望ましい第二の理由は、グリーン化が実現すれば、企業や家計が最も安価でCO_2に効く削減策から採用するようになるからだ。つまり「**限界削減費用**」が低い対策が選ばれやすくなる。

例えば、生産・調達過程でCO_2排出量の多い石炭を多用するものは割高となるので避け、再エネ集約的なものにシフトするといったことが、日頃の経済活動に溶け込む形で自然に促進される。結果的に経済合理性にもとづいた削減を進めることにつながる。

現在、エネルギーには年間約5兆円の税がかかっている。税収を保ったまま、課税ベースをCO_2比例にする。これが、図表1-1③の「税制グリーン化」効果だ。2200万トンと小さくみえるが、これはDX加速後のCO_2排出量2億2800万トンからグリーン化（増税なし）だけで約1割の排出量を削減できることを意味する。効率的な削減を進めるうえで欠かせない布石だ。

炭素税導入が必要な第3の理由は、残り2割程度のCO_2削減に必要なCCSの呼び水にもなるからだ。電力業界関係者へのヒアリングや科学技術振興機構低炭素社会戦略センターの試算を参考にすると、CCSは2030年代半ばには実用され、1万円／t－CO_2（CO_2・1トン）で埋設できるとみている。

経済モデル[1]を使い、残り2割のCO_2削減に必要な炭素税の課税水準を試算したところ、1万2000円／t－CO_2の課税が必要となった。CO_2の埋設費用が1トン当たり1万円なら、適切な埋蔵地があれば、CCSはペイする事業になる。炭素税を導入しておけば、CCSに限らず、経済性に富む削減策を促進することが期待できる。

現行のエネルギー関連税はCO_2排出ベースにすると5000円弱／t－CO_2であるため、1万2000円は約7000円の上乗せになる。化石燃料の一層の節約や再生可能エネルギー拡大が進むだろう。これが図表1－1④の効果1億7700万トンになる。①～④をあわせて、「実質ゼロ」が実現する。

炭素税は、政府で検討を進めている。世界でも脱炭素社会実現には、炭素税や排出量取引といったCO_2の排出に価格付けする仕組みが不可欠と考えられている。産業界の抵抗は強いが、炭素税導入は脱炭素の必要条件だろう。CCSについても、北海道苫小牧市沖で実証実験が行

（1）　技術進歩を考慮した産出投入構造を与え、炭素税課税による影響については一般均衡（CGE）モデルを使い、分析した。**気候変動と経済のモデル分析**は、ノーベル経済学賞を受賞したウィリアム・ノードハウス米イェール大学教授のDICEモデルから始まった。

われている。

ただ削減が進むほど、限界的に削減は難しくなると考えられる。CO_2を地中に埋めるCCSや原材料に活用するDAC（Direct Air Capture）が最終的には必要となるが、こうした新技術は大規模な実用化の見通しがまだ立っていない。試算で必要となったCCSの具体的な場所を国内で確保することは、政府の責任になる。

2030年目標の達成、DXの加速次第

2021年4月の気候変動サミットで日本は30年度までに13年度比で46～50％削減するという目標を表明し、10月に決めた地球温暖化対策計画も46％以上の削減を目指している。2050年度の脱炭素社会への削減パスを示すと図表1－4のようになる。2013年度の排出量を100とすると、毎年同じ量のCO_2を削減していくと30年度で46％減、50年度にゼロとなる。脱炭素社会実現に最低限必要な削減トレンドだ。

2021年4月の気候変動サミットでは米国、英国、EU（欧州連合）、日本など先進諸国は30年までに50％以上の温室効果ガス削減を表明した。各国の削減計画を2018年基準にして比較したのが図表1－5だ。2030年では日本の削減率が最も小さく、米国とEUはほぼ同じ削減率になっている。英国は半減させる計画だ。

当時の菅義偉首相は「さらに50％の高みを目指す」と表明したが、脱炭素社会の実現には、

図表1－4　脱炭素社会実現の排出削減パス

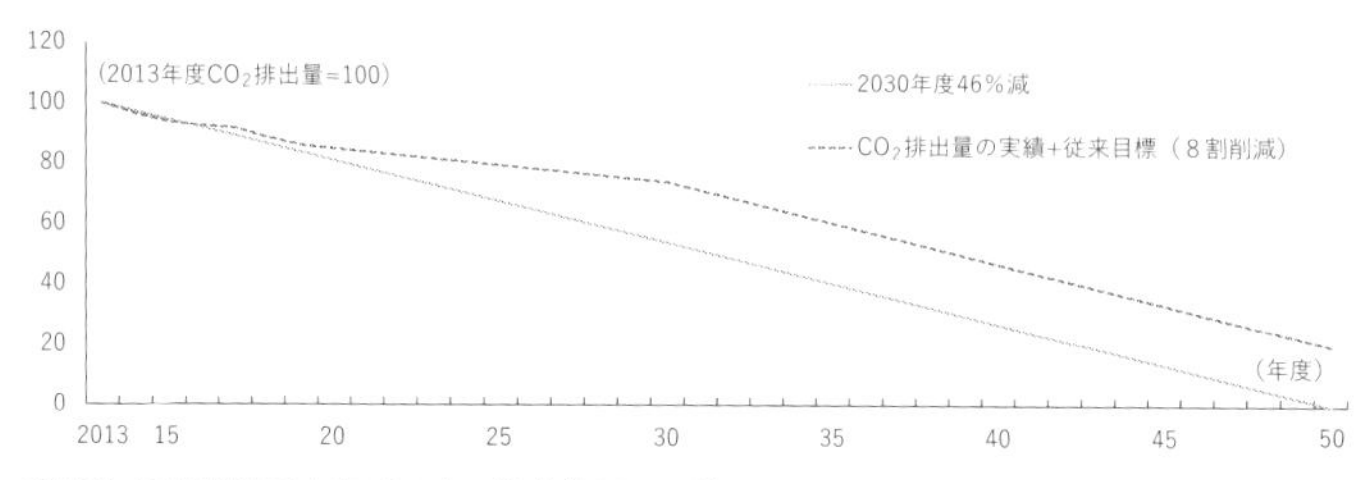

（資料）国立環境研究所「日本の温室効果ガス排出量データ」

図表1－5　2018年を起点にみた日米欧英の削減目標の比較

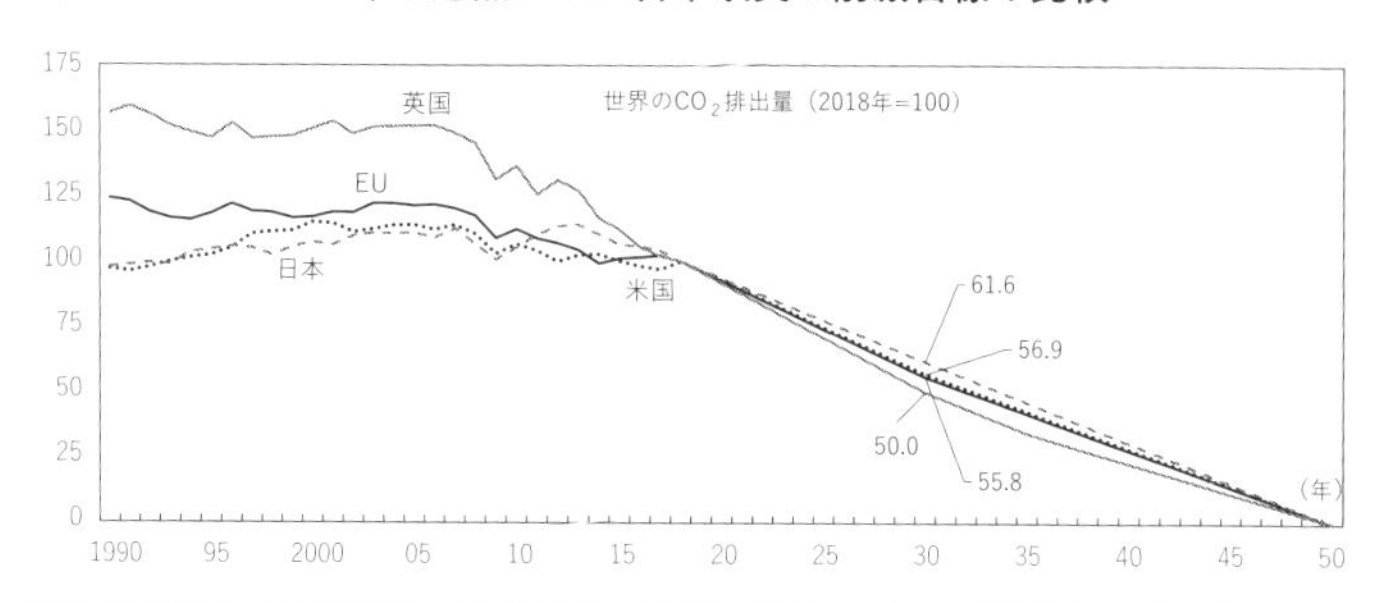

（注）2018年までは実績値。CO_2排出量で計算。米国は30年50%削減（2005年比）、EUは55%（1990年比）、日本は46%（13年比）、英国は30年に68%、35年に78%（90年比）
（資料）日本エネルギー経済研究所「エネルギー・経済統計要覧2021」

図表１－６　2030年目標の達成、DX加速が条件に

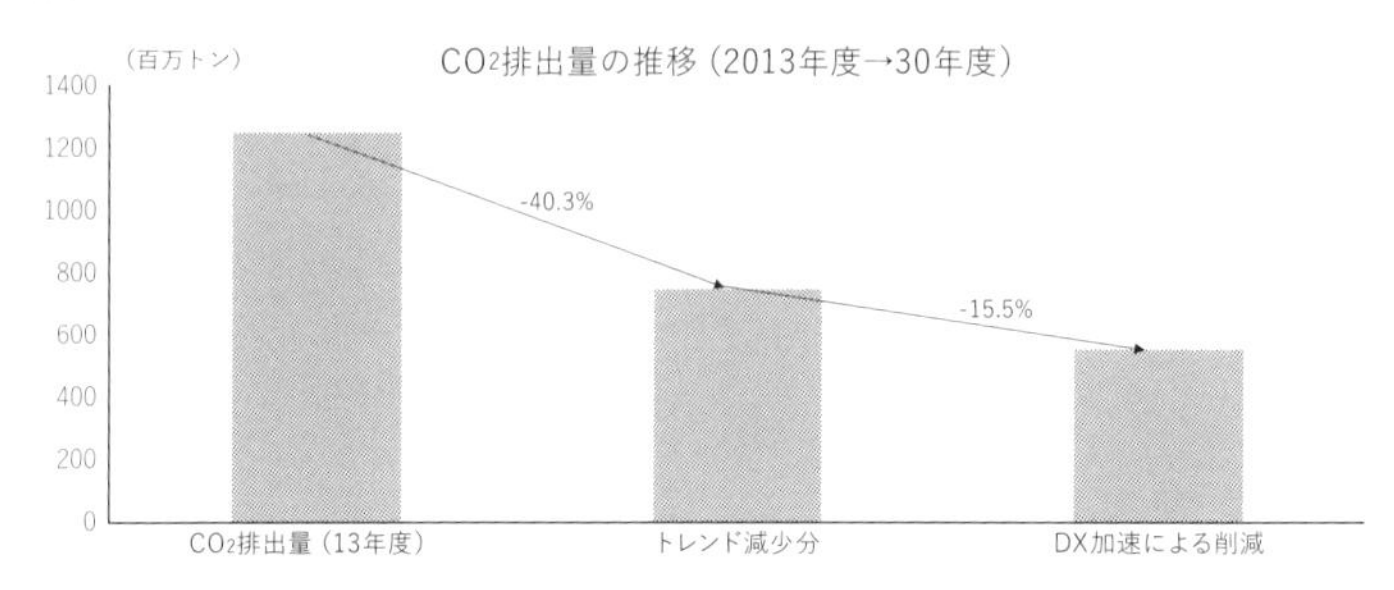

（資料）国立環境研究所「日本の温室効果ガス排出量データ」

各国目標と比較しても２０１３年度比46％削減は必達だ。新技術への依存を軽減するためにも、50％削減の達成も視野に入れることが求められるだろう。

　ではあと8年あまりしかない２０３０年目標の難易度はどの程度なのか。再エネ普及も原発の再稼働もある程度進み、経済成長率は人口減少、高齢化などもあり、鈍化するだろう。しかし省エネや再エネ、原発の基調だけでは46％削減は難しい。

　当センターの中期経済予測では、ＤＸが加速する前提で成長率が高まる場合、２０１３～30年度の平均経済成長率は０・５％だ。このレベルの成長率ならば、ＤＸによるエネルギー効率と炭素集約度の改善が、成長による排出増要因を上回る状況になる。ＤＸのフル活用による脱炭素社会実現の軌道に乗れれば、46％削減、あるいは50％削減も夢ではない（図表1－6）。

　政府の地球温暖化対策計画やエネルギー基本計画では、野心的な省エネや再エネの普及などで46％削減を実現する

図表1－7　経済成長（実質GDP）予測の当センターと政府の違い

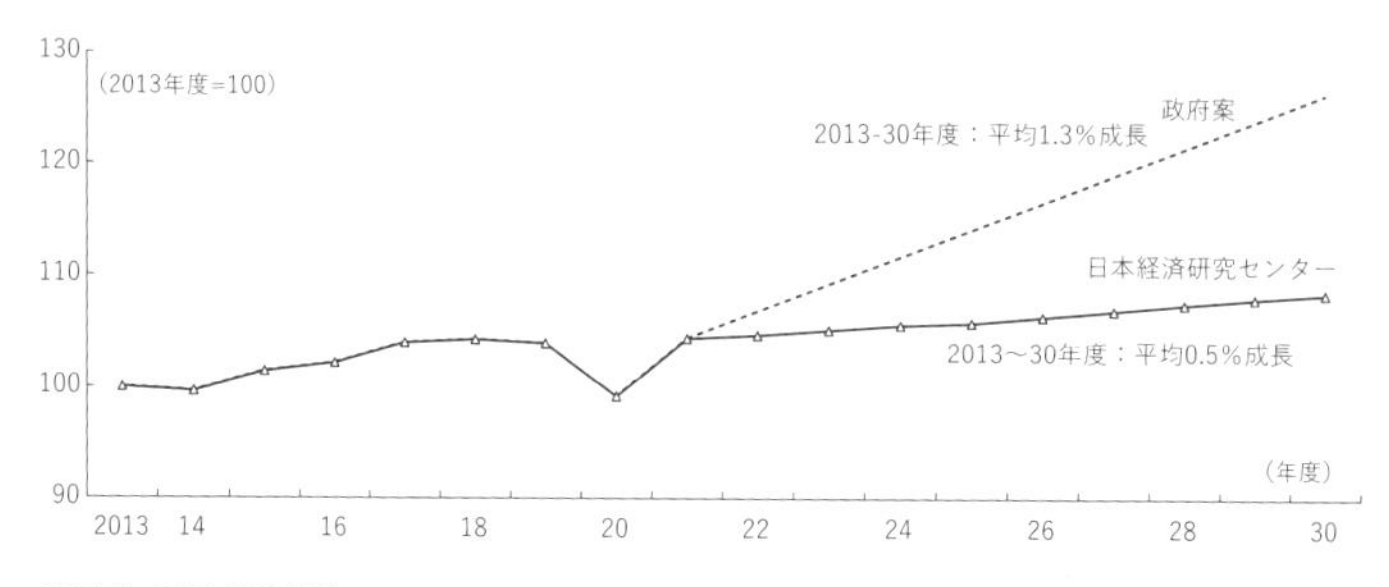

（資料）国民経済計算

としており、産業界やエネルギー関係の専門家らは、実現の厳しさを指摘する。ただ政府は、２０１３～30年度の平均経済成長率を年１・３％としており、０・５％程度とされる日本の成長力（潜在ＧＤＰ成長率）に比べ、高い成長率想定になっている。政府見通しどおりの成長を実現しようとすると、２０２１～30年度の期間は２％を超える平均成長が必要になる。世界のＤＸを主導する巨大ＩＴ企業を多数抱える米国の成長率を上回る想定になる。１９９０年代以降、実現したことがないような高い成長率を前提に46％削減の議論が展開されている。

一方、日本経済研究センターの成長率は、人口減少、高齢化が進行する下で労働投入の落ち込みをＤＸ加速による生産性向上でカバーする前提の予測になっている。０・５％成長は低いようだが、この成長を維持するだけでも、ＤＸ加速が必要となると当センターは考えている（図表１－７）。

【テクニカルノート1】炭素税はDXを後押しするか

割高なものを減らし、割安なものを増やす――。コストに敏感な企業は、費用を節約しながら、生産量を確保しようと努める。炭素税の導入は化石燃料の値段を引き上げ、平均的なエネルギー価格を押し上げる。企業は他の相対的に割安な経営資源の使用量を高めるだろう。ではどの程度か。

経済学に「代替の弾力性」という概念がある。コーヒーか紅茶を選ぶとき、コーヒーが紅茶に対して10％値上がりしたとしよう。このとき、コーヒーの消費量を減らし、紅茶を増やすだろう。前と同じ満足度を得るのに、コーヒー／紅茶の消費量比率をどう変えればよいか。例えば同比率を20％減らす（紅茶を相対的に20％増やす）なら、代替の弾力性は20％／10％で2だ。同比率が5％減るなら弾力性は5％／10％＝0・5と計算する。コーヒーを我慢した分、紅茶で補うような関係を代替関係という。弾力性は代替が起きる程度のことで、「相対的な価格」が1％高まるとき、「相対的な数量」が何％減るかを指す。

炭素税で化石燃料が値上がりすると、エネルギーを節約し、他の生産要素で補う行動が起きるはずだ。ここでは「無形資産」へのシフトに注目する。無形資産とはソフトウエアや研究開発、人材教育によるスキル蓄積など、機械・工場・事務所のように「有形」ではないが、企業

図表 T1－1　エネルギーが割高になると無形資産を増やす傾向

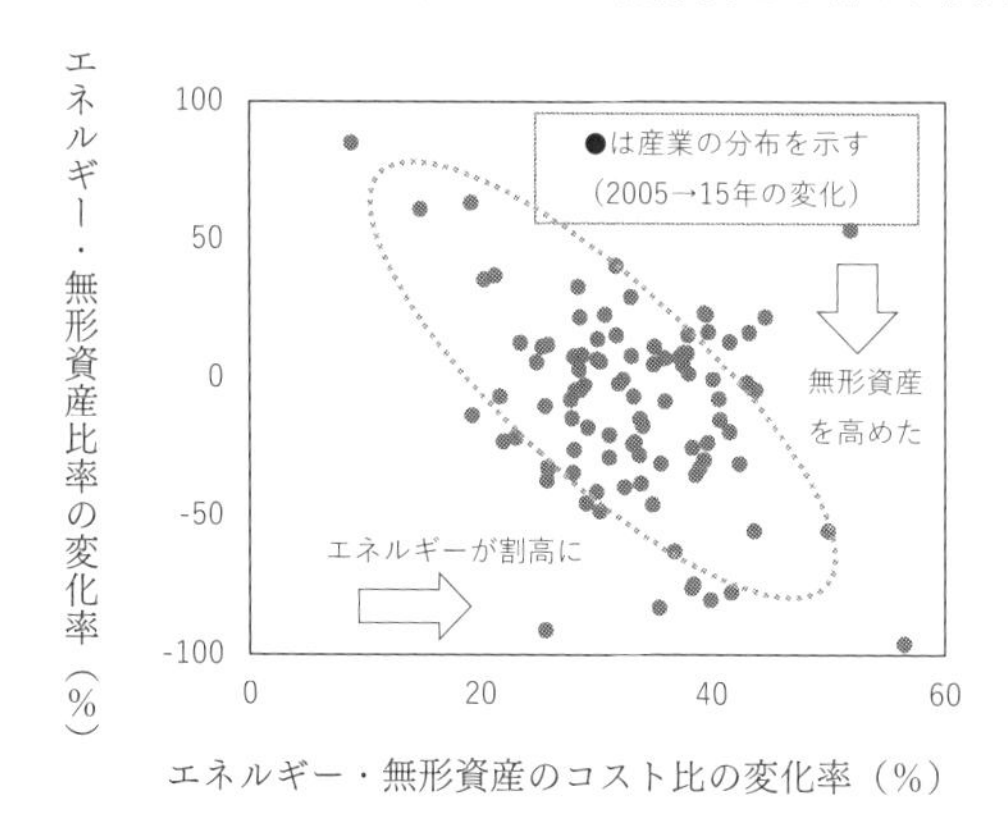

（資料）経済産業研究所の産業データ（JIP データベース）をもとに日本経済研究センター推計（2005～15年の変化）。エネルギーは各産業の石油・石炭製品、電気、ガスの中間投入。無形資産はソフトウエアや研究開発、人材教育によるスキル蓄積などを表す

活動に寄与する資産を指す。デジタル経済では、この無形資産が富を生み出す基盤になる場合が多い。例えば、タクシー業界がソフトウエアとしてスマホ予約システムを導入すれば、顧客ニーズの把握が容易になり、車両の稼働率が高まる。エネルギーの節約にもつながる。ガソリンや充電用電気の料金が高くなれば、一層その動きに拍車がかかるだろう。結果としてＤＸを後押しする。

エネルギーと無形資産、それぞれの価格変化と数量変化のデータから、代替の弾力性を計測したところ０・４程度となった（経済産業研究所のＪＩＰデータベースを利用）。エネルギー価格が高くなった産業ほど、無形資産の利用を緩やかに増やす傾向がある（図表Ｔ１−１）。

【参考文献】

日本経済研究センター「第47回中期経済予測」（２０２１年３月）
岩田一政・日本経済研究センター編『２０６０ デジタル資本主義』（日本経済新聞出版社、２０１９年）

第2章

構造——産業地図 様変わりも

モノからデジタルへのシフトは、事業モデルの転換や産業の盛衰を引き起こす。炭素税の後押しも得て、脱エネルギー・脱炭素が進んでいく。DXが加速し、カーボンニュートラルが実現している2050年に向け経済はどのような変容を見せるのか、産業地図の変化を描いてみよう。

産業連関表をよりどころに

2050年にCO_2を実質ゼロにする——。その未来像を描くには、エネルギー源だけでなく、経済とエネルギー利用を整合的にとらえることが必要だ。日本経済研究センターでは、見通しの作成にあたり、産業連関表（テクニカルノート2参照）をよりどころにしている。産業連関表とは産業別の生産額や産業間のつながりなどを見える化した、まさに産業地図と言えるものだ。

連関表の利点は3つある。第一に、産業の相互依存関係を内包していることだ。例えば、自動車産業が鉄鋼産業から鋼板を調達する、鉄鋼産業は同製品を自動車のほか建設産業にも供給するといった網の目の関係が定量的に表されている。同表をベースに見通しを描くことで、各産業の変化を整合的に描くことができる。

第二は、国内総生産（GDP）を組み込んでおり、マクロ経済との整合性もとれることだ。労働や資本といった潜在的な生産能力から描いたGDPの見通しを産業連関表に投影すれば、マクロと産業の長期展望が得られる。

第三に、エネルギー産業や各産業でのエネルギー利用も分析できることだ。各産業が必要とする電力やガソリンなどのエネルギー源と、電気産業や石油石炭産業が供給するエネルギーの総量のバランスがとれるようになっている。

予測にあたっては、「変化」を織り込む。エネルギー原単位が基調的に低下する、次項で説明するデジタル化の進展により素材需要がシフトする、などを反映させる。変化の一部は、投入係数の変化として表現する。1単位の製品をつくるのに、それぞれの部材がどれだけ必要かを表すのが投入係数だ。よりデジタルに、よりカーボンフリーにという変化を同係数に盛り込む。

政府の見通しには残念ながら「変化」が欠けている。現在と同じ産業構造が続く前提で、温暖化対策を議論する。それでは「実質ゼロ」への展望が開けない。

「地図」はこう変わる――新たな素材間競争へ

実際に２０５０年の見通しを描いてみよう。前提として、①基調的な省エネや脱炭素に加え、第１章で述べた「ＤＸ加速」型の経済社会を想定する。単にデジタル技術が進化するだけでなく、新技術の採用・普及に向けた制度的な環境づくりが進むことを想定する。コロナ禍でＤＸの必要性・有用性が認識されていることも、こうした流れを後押しするだろう。②マクロ経済は、日本経済研究センターの中期予測や長期予測に沿い、実質ＧＤＰが２０２１～30年は年０・３％、30～50年は同▲０・１％と想定する（▲はマイナス）。

ＤＸが加速する経済社会では、図表1-3で示した変化が起きる。可能なモノはすべてデジタル化され、オンラインで提供される。鉄鋼やセメント、紙などの需要が激減、仕事のために関係者が一カ所のオフィスに集まる必要性も小さくなっている。予測結果が図表2-1だ。各産業の生産とCO_2排出量の増減をみている。

大きく４つの変容が生じる。第一は、エネルギー多消費型産業の生産が縮小することだ。後述する自動車生産の縮小を受け、鉄鋼の生産は２０１５年に比べて6割減る。紙・パルプも、高齢化が紙おむつ需要、ネット通販普及が段ボール需要を支えるが、事務用紙や書籍、雑誌向け用紙、新聞紙といった大量に生産・消費する紙の需要は消失する可能性が高い。生産は7割近く減るだろう。

図表２−１　脱炭素下でも生産減は限定的、情報通信は生産倍増
（主な産業の生産・CO_2排出量の増減率）

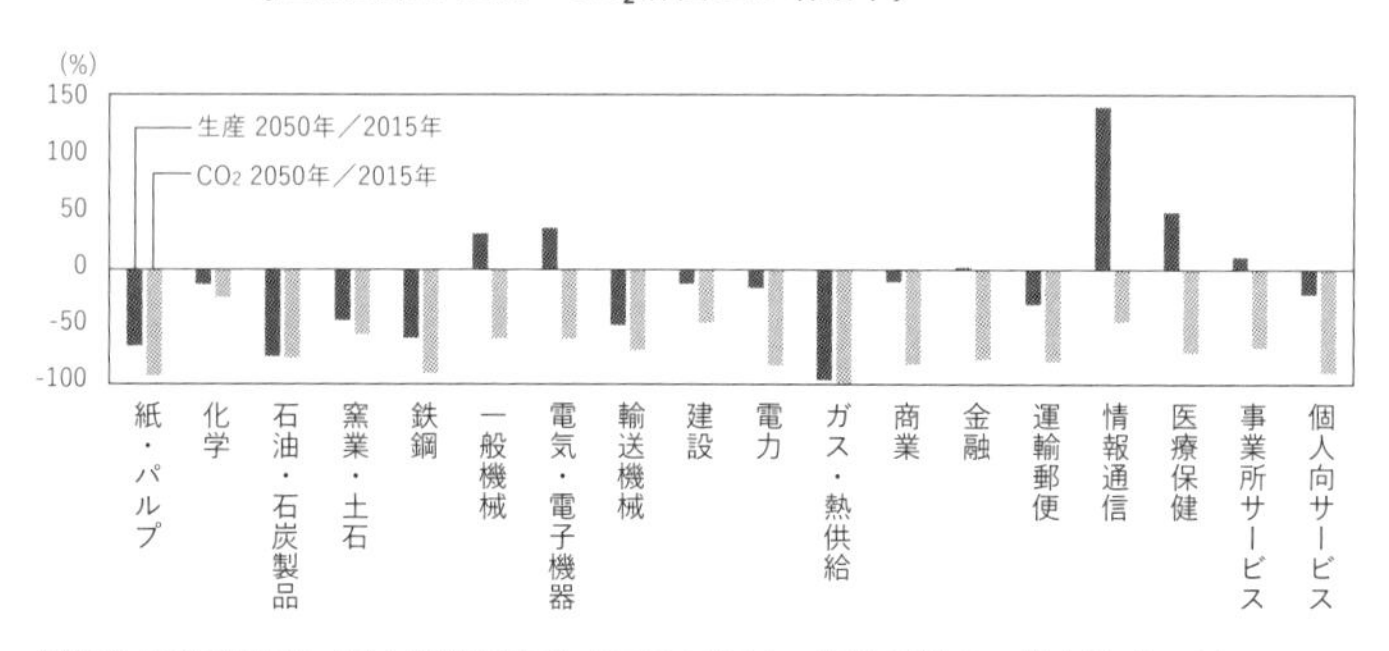

（資料）産業連関表、国立環境研究所「3EID」「日本の温室効果ガス排出量データ」

第二に、ＤＸの追い風を受ける産業では生産が増えるか、落ち込みが軽度で済むことだ。デジタル機器を供給するエレクトロニクス（電気・電子）は生産が拡大する。国内向けは人口減などの影響を受けて縮小する可能性が高いが、輸出がその落ち込みをカバーするだろう。非製造業では、ネット通販や無人店舗の普及で小売業は付加価値が高まり、プラスとなる。ただ、化石燃料離れの影響を受け卸売業が低迷、商業全体の生産は１割減になる。運輸郵便は宅配サービスが拡大するが、テレワークやオンライン会議の普及で通勤や出張が激減し、全体では生産は減少する。

第三は、新たな素材間競争が起きることだ。震源は自動車だ。自動運転の実用化が同産業を揺さぶる。２０５０年には自動運転がほぼ１００％普及、自動車は保有から利用へ移行する。稼働率が上昇するため、必要とされる台数が減少、輸送機械の国内生産は半減するだろう。

図表2−2　非製造業が産業の主体に

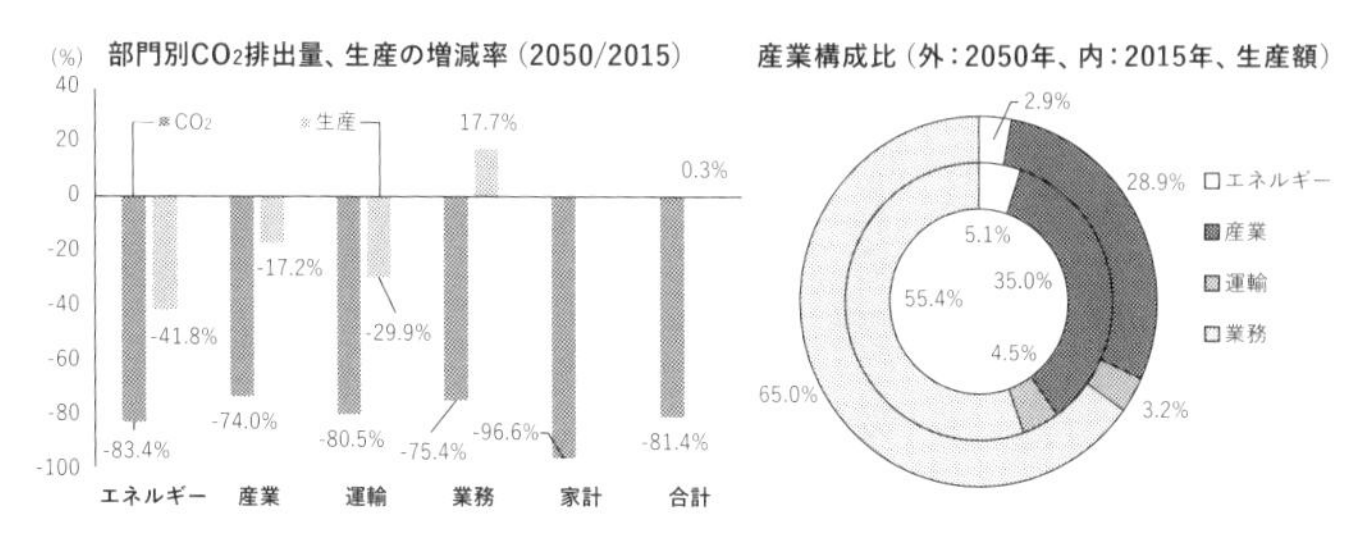

（注）産業は第1次産業＋第2次産業、業務は主に第3次産業（除く運輸）

同時に、乗用車が電気自動車（EV）へと転換することが、軽い車体へのニーズを高める。鉄に代えてプラスチックやアルミを用いる素材間競争が激化するだろう。その恩恵の一部を享受するのは化学産業かもしれない。軽量化や蓄電池、DXに不可欠な電子部品素材の需要が高まる。エネルギー多消費産業ではあるが、化学の生産は▲12・9％にとどまる。

第四に、DXによってエネルギー関連産業の生産は大きく減少する。石油・石炭製品は8割近く、ガス・熱供給は9割以上の減少になる。しかし、エネルギーの電力シフト（電化）が進むため、電力は15％程度の減少にとどまる。

エネ部門のCO_2は8割超の減少

CO_2は大部分の産業で2015年比50％以上の減少になる。生産の大幅減を受けて、化学以外の素材産業で大きく減る。非製造業でも、例えば運輸郵便は自動車がEV化、燃料電池車（FCV）に置き換わることでサービスは拡大してもCO_2排出は8割以上減少する。金融もキャッシュレス化に伴い、店舗やATMがなくなり、省エネが格段に進むため、8割弱の減少になる。

CO_2排出量を、エネルギー、産業、運輸、業務、家計部門というくくりでまとめたのが、図表2-2だ。エネルギー部門（電気、ガス、石油石炭製品など）からのCO_2排出は8割を超える減少になる。これは、①DXによってエネルギー需要が減る、②電化も加速する（一部の産業・運輸向けを除いて化石燃料利用がなくなる）、③電力の再エネ比率が2050年に6割まで高まる、などのためだ。主に製造業を指す「産業」は生産が2割弱減少し、CO_2排出量は4分の1になる。家計（直接排出分）のCO_2は9割以上減少する。

生産からみた産業構造は業務（主に非製造業）の構成比が高まり、産業の比率が6ポイント低下する。脱製造業が進むのがDX社会の経済構造だ（図表2-2右）。2050年にはDXで生産性を高めた非製造業が経済を支える構造にならないと脱炭素社会実現は難しい。

DXなしでは、CO_2排出量は30年度2割減にとどまる

DXが進行しない経済社会ではどのような経済構造やCO_2排出削減になるのか。産業連関表の2011～15年の実績にもとづいて、そのトレンドで産業構造が2030年にかけて緩やかに変わることを想定してみよう。鉄鋼などエネルギー多消費型産業の生産はほとんど減らない経済社会となる。

DXによる生産性の向上がないので、図表1-7で示した当センターの成長率想定を下回る。

図表 2－3　DX が進まなければ、成長率が低くても CO_2 は減らない

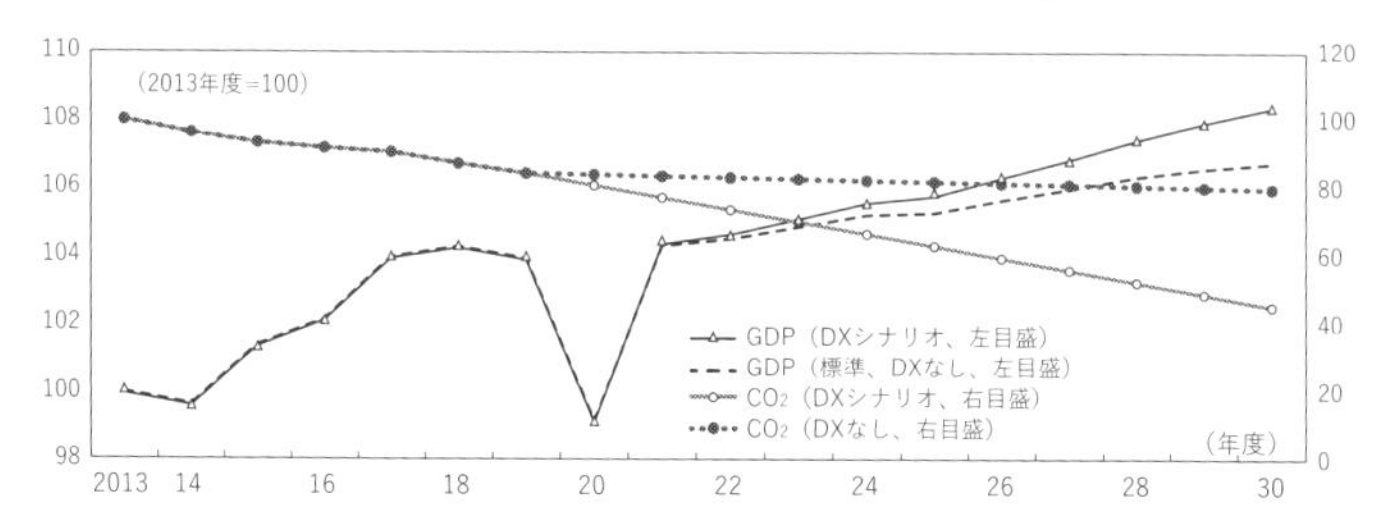

（注）GDP は2020年度まで実績、21年度以降は日本経済研究センター「第47回中期経済予測」、CO_2 は2019年度まで実績、30年度は日本経済研究センター推計、その間は線形で結んでいる

（資料）国民経済計算、国立環境研究所「日本の温室効果ガス排出量データ」

図表 2－4　DX なしでは産業面でも脱エネ・脱資源進まず

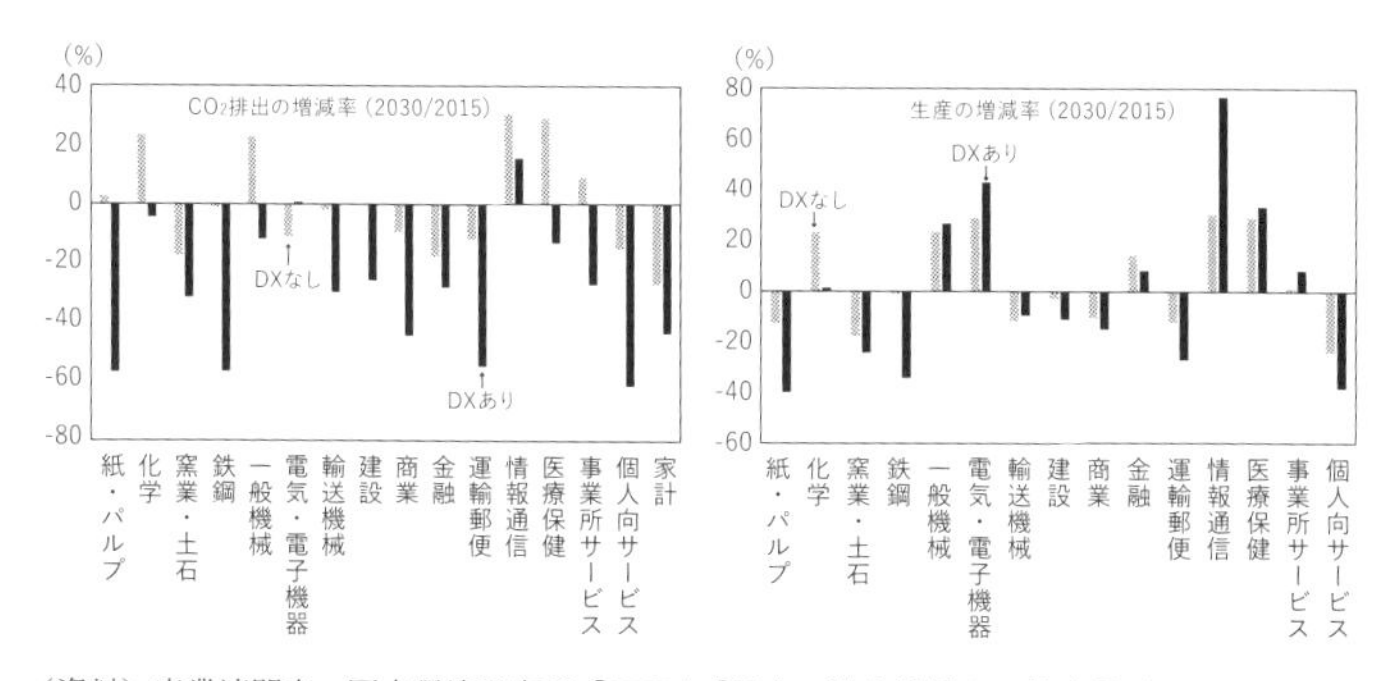

（資料）産業連関表、国立環境研究所「3EID」「日本の温室効果ガス排出量データ」

加えてCO_2排出量は13年度比20・4％減にとどまり、政府目標の46％削減にはまったく達しない。ＤＸ社会への対応が遅れ、脱エネルギー・資源が進まないからだ。経済構造もほとんど変わらず、成長率の低下分しか排出量が減少しない（図表2‐3）。

ちなみに当センターの試算では、2030年度までに46％削減をＤＸなしで実現しようとすると、2万2000円／t‐CO_2の炭素税が必要になる。

図表2‐4は、産業ごとにＤＸが進まない場合と2050年に向けてＤＸが加速する場合の2030年時点での比較だ。化学は15年比で2割以上生産を伸ばし、鉄鋼も1・0％減と横ばい水準を維持する。情報のフル活用を成長の原動力にするＤＸを進めないと、成長も期待できないし、CO_2削減にも結びつかない。

製造業は「ゼロ」へ曲折も

2050年という点で見れば、素材産業が縮小し脱製造業・脱炭素が進む未来図が描ける。しかし、そこに至る過程では曲折も考えられる。国際的に見ると、日本はものづくりが得意。国際分業という視点を織り交ぜて、日本の実質ゼロへの道を考えてみよう。

日独は製造業が残る

日本は脱炭素が遅れていると言われる。その一因とみられるのが、製造業が健闘していることだ。製造業が占める比率を欧米4カ国と比べると、スウェーデンや英国は経済のサービス化

図表2－5　製造業の盛衰

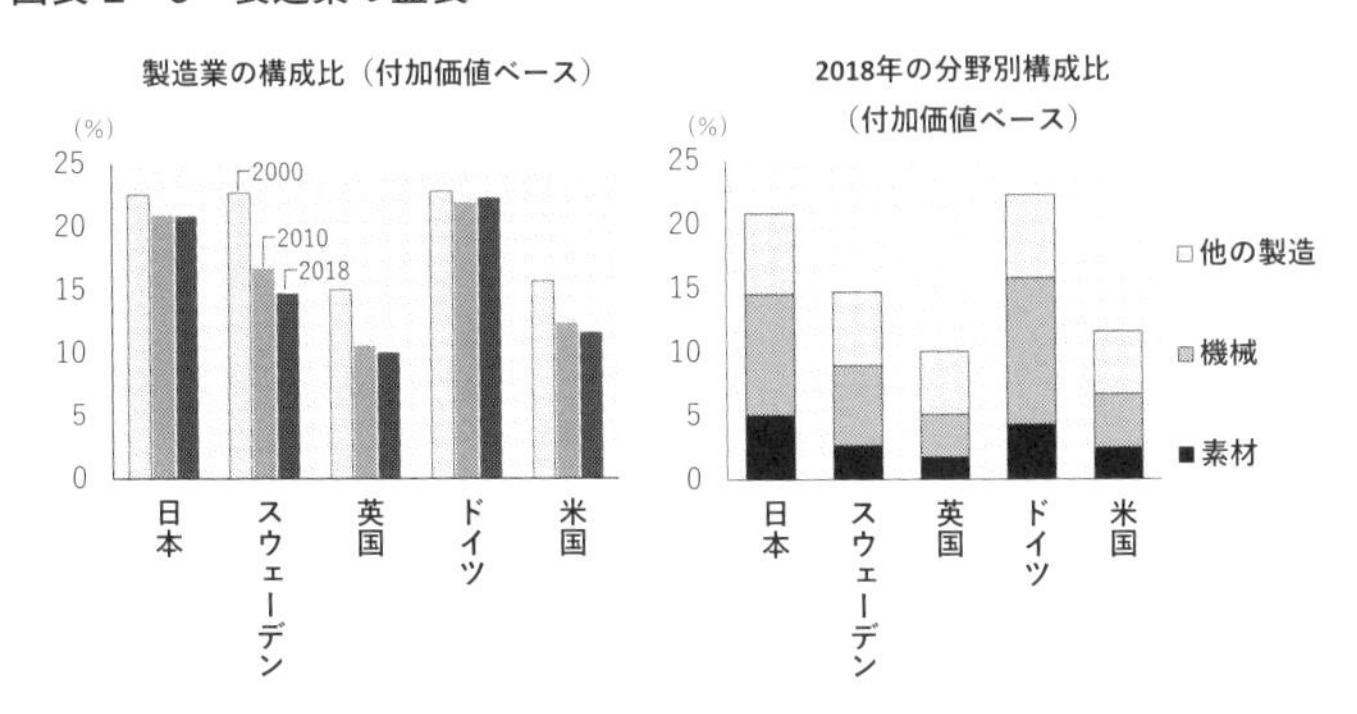

（資料）経済協力開発機構（OECD. Stat）をもとに日本経済研究センター作成

の進展で、製造業がどんどん縮小している（図表２－５）。これに対し、日本は２０００年以降、製造業比率がほとんど変わっていない。ものづくりが得意なドイツと似ている。

素材産業（鉄鋼、化学、窯業、紙など）のウエートにも日独と他の３カ国で差がある。素材産業は、エネルギー投入とCO_2排出が減らしにくく、脱炭素の進展を左右しやすい。機械産業も日独ではシェアが大きい。川下の機械産業に部材を供給するため、川上の素材産業が同じ地域に立地しやすいという共存関係がうかがえる。

貿易構造にも違いがある。「特化係数」という指標をみることで、各国が貿易で強みを持つ分野をあぶり出すことができる（図表２－６）。特化係数とは、ある分野への集中度を表す指標だ。日本のA産業の係数が１を上回れば、日本の輸出がA産業に集中していることを示す。算出に用いる国際産業連関表の都合で２０

図表 2−6　世界への供給役になっている産業は

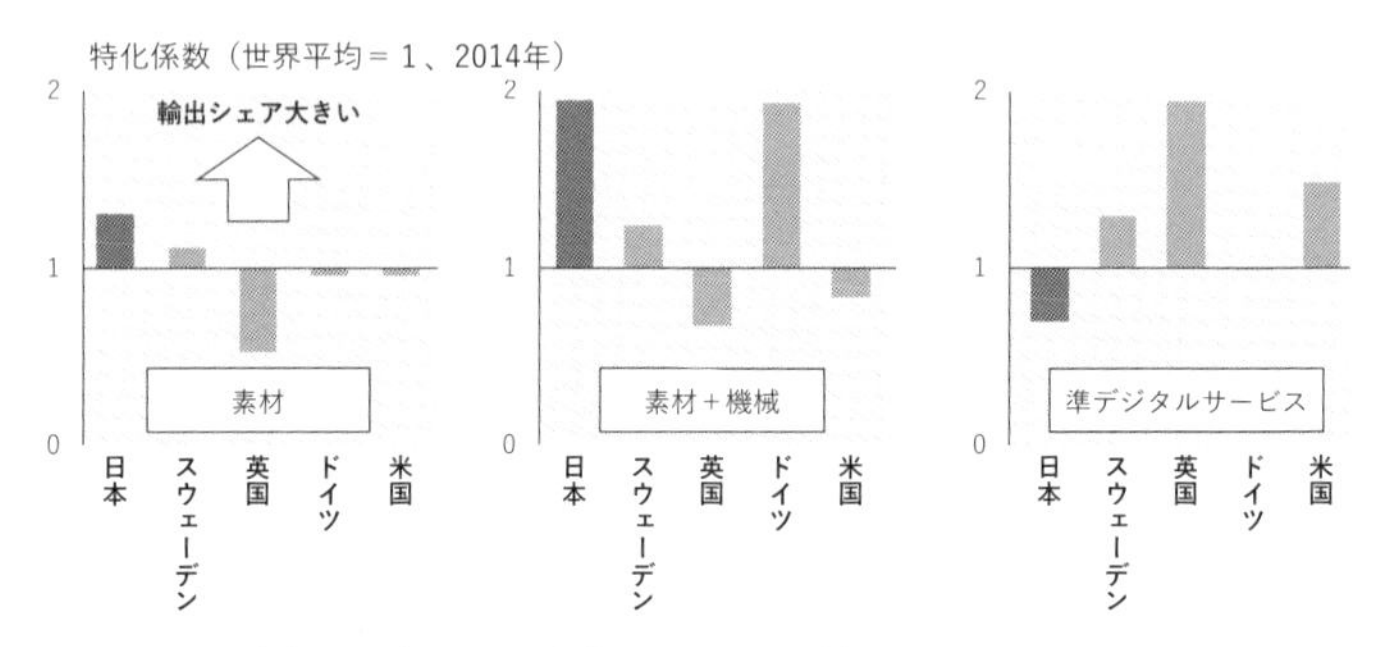

（注）ある国の産業Aの特化係数＝産業Aがある国の輸出に占める比率／産業Aが世界の輸出に占める比率

（資料）国際産業連関表（WIOD）をもとに日本経済研究センター推計。素材は鉄鋼、化学、窯業、紙パルプなど。準デジタルサービスは金融、ITサービス、出版映像、専門サービス。特化係数は、1を超えると輸出に占める同産業のシェアが他の国より大きく、1を下回るとシェアが小さい

14年時点のデータになっている。

図表2-6をみると、日本は素材産業の係数が1を超えており、素材に機械を加えると係数がほぼ2と、工業製品の世界への供給役になっていることがわかる。半面「準デジタルサービス」は1を下回り存在感が乏しい。

「準デジタルサービス」とは、金融、IT（情報技術）サービス、出版映像、専門サービスなど、デジタルにも提供可能なサービス群を指す。経済協力開発機構（OECD）や米統計局などで使われ始めた概念だ。エネルギー消費が少なく、国境を越えた取引が伸びている産業だ。ドイツは素材＋機械の輸出が日本並みに高く、やはり工業製品の供給で世界に貢献している。

対照的なのが英国だ。素材や機械の輸出が低調な代わりに、準デジタルサービスの輸出が多い。米国も英国と似ている。スウェーデンのよ

図表2−7　日独は省エネが進む（エネルギー効率）

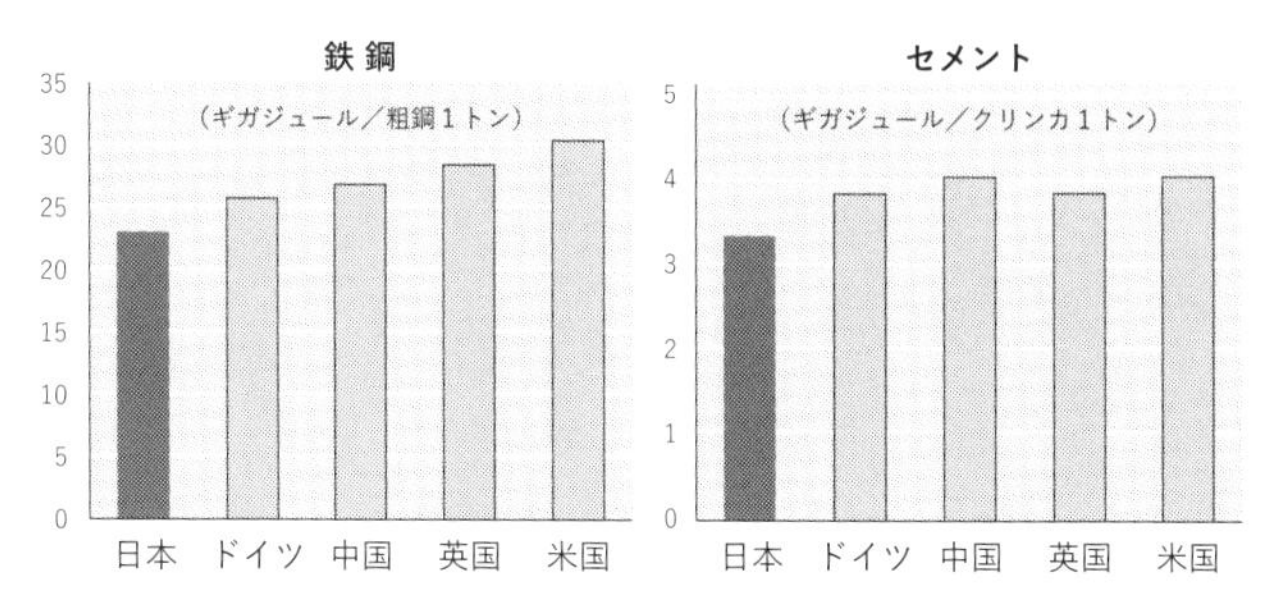

（注）粗鋼1トンあるいはクリンカ1トンをつくるのに必要な一次エネルギー。クリンカはセメント製造の基礎になる中間財。2010年時点
（資料）地球環境産業技術研究機構（RITE）推計

うに製造業を縮小させながらも、貿易面で強みを残す国があるが、全体としては、製造業が残っていて輸出で存在感が大きい国ほど、炭素を生産面で減らしにくいという対応関係がうかがえる。

日本とドイツに製造業が残るのは、両国が効率よく製品をつくることができるからでもある。両国は省エネでは優等生だ。鉄鋼やセメントの1単位生産にかかるエネルギーは2カ国で低い（図表2−7）。

日独は省エネで先行するがゆえに脱炭素で苦労するという「省エネのジレンマ」に陥っている。他の国は自国でつくるのではなく、日独などから輸入することでCO_2排出を減らしつつ生活水準を高めることができる。資源をデジタルサービスなど他の用途に振り向けることもできる。国際分業は互いに最適化を求めた結果だ。一方的に日本やドイツがものづくりで恩恵を得ているわけではない。

素材分野では「ゼロ」難しく

モノやサービスの生産に炭素を使い、それが貿易を通じて他の国で消費されることを考えると、CO_2排出に生産ベースと消費ベースを考えることができる。工場など事業所の立地に注目した排出を「CO_2生産」、モノやサービスの買い手の場所に注目したものを「CO_2消費」としよう。通常、国ごとのCO_2排出といえば、「CO_2生産」を指す。両者の大きさを比べると、日本は先に述べた産業・貿易構造のために、欧米比で10％程度CO_2が生産超（消費が少ない）に振れやすいという結果が得られる（国際分業とCO_2〈テクニカルノート3参照〉）。

この結果は何を意味するのだろうか。３つの論点がある。

第一は、産業用途では日本にCO_2排出がある程度残るかもしれないという点だ。

例えば、鉄鋼の高炉だ。鉄鋼のうち建築用鋼材などは電気炉でも実用性のある製品が得られるため、電源を非炭素化すればCO_2を減らせる。しかし、自動車や家電向けなどの高級鋼は、不純物を取り除くことが容易な高炉による製品を使っている。高炉では、コークスを投入し鉄鉱石から酸素を還元する際に、CO_2がどうしても発生する。

セメントも脱炭素が難しい分野だ。セメントの中間生産物であるクリンカを生成する際、化学反応の中でCO_2が発生する。「実質ゼロ」とするために、こうした原理的にCO_2が出てしまう分野が、２０３０年の中間目標時点はもちろん、２０５０年においても日本には一部残る可能性がある。

第二は、CO_2生産と消費の偏りは是正すべきなのか、だ。

各国にCO_2削減を求めるとき、念頭にあるのはここでいう「CO_2生産」だ。削減を生産側主導で進めることを前提にしている。しかし、各国単位で生産・消費バランスを保とうとすれば、分業の利益を損ない、過大なコストを生産国・消費国双方がかぶる。温暖化対策が甘い国へ生産が移転し、世界全体ではかえって排出量が増えてしまう恐れもある。円滑に「世界全体で実質ゼロ」を実現できるよう、内外で炭素を「相殺」する仕組みの構築が望ましい。

この点は、欧州が提案する国境炭素税にも関係する。世界共通でCO_2排出量に課税し、差があれば差額を調整する国境炭素税は、エネルギー効率が良い国の生産を守る仕組みだ。炭素税そのものは素材産業への逆風となるが、世界のユーザーが必要とする素材を効率良くつくる国に生産を委ねるという国際分業の利点は維持されるだろう（国境炭素税の詳細は第4章で）。

第三は、DXの進展とともに、炭素に依存する素材利用はいずれ最小化されていくという点だ。ただし、それにはDXが世界全体に広がることが必要だ。例えば、自動車車体を鋼板から樹脂に替えるには、事故リスクを下げる自動運転の実用化が前提となる。道路インフラが不十分、法制度が整わないなどから自動運転の普及が遅れると、素材のシフトにも時間がかかる。CO_2の生産側だけでなく、消費側で脱炭素を後押しする諸改革が必要なことを示唆している。

【テクニカルノート２】産業連関分析

本書では、カーボンニュートラルが実現している２０５０年の経済の姿を、同年の産業連関表を推計することで検討した。産業連関表とはどのようなものか、説明しよう。

調達先・販路構成を行列の形に

モノやサービスの生産額と生産に使った素材や部品などの関係をまとめ、行列として表現したものを産業連関表という。産業連関表は総務省などが原則として5年ごと、西暦の末尾が０と５の年を対象に作成する。最新は２０１５年の表だ。

図表Ｔ２－１は同表を６部門に集約したものである。各産業部門を列（縦）方向にみると、生産のために何を使ったか（投入）を知ることができる。調達構造だ。例えば、製造業は３０３兆円の生産のために電力・ガス・水道を６・８兆円投入している。生産額から中間投入計を引くことで産業ごとのＧＤＰにあたる付加価値を求めることができる。

産業連関表を行（横）方向にみると、各産業で生産されたものがどこに売れたか（産出先、販路）を知ることができる。各産業でつくられたものが産業の生産過程で利用された場合には中間需要と呼ばれ、他の生産に利用されない生産物の場合は最終需要となる。中間需要、最終需要の中には輸入品が含まれているため、総需要から輸入額を引いたものが国内生産額となる。

図表 T2－1　2015年産業連関表（単位：10億円）

		中間需要						最終需要				（控除）輸入	国内生産額
		農林漁業	製造業	鉱業・建設	電力・ガス・水道	情報通信	その他	消費	固定資本形成	在庫	輸出		
中間投入	農林漁業	1,567	8,148	64	0	0	1,532	3,890	193	189	113	-2,808	12,888
	製造業	2,971	133,599	17,361	1,931	2,445	44,586	59,089	39,358	111	65,613	-64,253	302,809
	鉱業・建設	31	13,698	422	8,109	171	2,385	-11	57,131	-2	45	-20,293	61,684
	電力・ガス・水道	127	6,752	277	2,742	375	10,235	8,595	0	0	82	-3	29,179
	情報通信	49	1,896	543	454	8,454	17,309	13,478	9,378	-27	763	-2,322	49,975
	その他	2,002	35,147	14,072	4,859	12,727	112,545	341,161	30,873	232	20,154	-12,489	561,283
付加価値		6,142	103,570	28,946	11,085	25,804	372,692						
国内生産額		12,888	302,809	61,684	29,179	49,975	561,283						

（資料）総務省「平成27年（2015年）産業連関表」より作成[2]

一番下の行に記載された国内生産額と、一番右の列に記載された国内生産額は一致する。15年表では、一番細かい分類では（投入された要素が）509行×（産出先が）391列としてまとめられている。

投入係数を介し最終需要とも連動

産業連関表を使うと、産業別の最終需要の金額（図の太枠内）から、最終需要を満たすような産業別の国内生産額と輸入額を計算により求めることができ、それを「産業連関分析」と呼ぶ。

産業連関分析のためには、産業別の生産関数にあたる投入係数行列と生産のために海外から原材

（1）産業連関表では、生産されたものが需要される先を「産出先」と呼ぶ。

（2）わかりやすさを優先したため、産業連関表で用いられる用語とは少し異なっている。

図表 T2－2　投入係数行列表

	農林漁業	製造業	鉱業・建設	電力・ガス・水道	情報通信	その他
農林漁業	0.12	0.03	0.00	0.00	0.00	0.00
製造業	0.23	0.44	0.28	0.07	0.05	0.08
鉱業・建設	0.00	0.05	0.01	0.28	0.00	0.00
電力・ガス・水道	0.01	0.02	0.00	0.09	0.01	0.02
情報通信	0.00	0.01	0.01	0.02	0.17	0.03
その他	0.16	0.12	0.23	0.17	0.25	0.20

料をどれくらい輸入するかを示す輸入係数が必要となる。
投入係数行列とは、各産業の生産額で各投入額を割ったものを行列にしたものであり、例えば、製造業における電力であれば、6・8兆円／303兆円＝0・02として計算された値である。図表T2－2は6部門の投入係数行列表となっている。この投入係数行列により、各産業が1単位の生産を行う際に、他産業から何をどれくらい必要とするかがわかる。

輸入係数とは、各産業の輸入額を中間需要と最終需要から輸出を引いた金額で割ったものとなる。これは、輸入したものをそのまま輸出することはなく、輸入品は国内で利用されるという考え方から、国内で利用された財に占める輸入の割合として計算される。

産業連関分析を行うと、例えば最終需要として自動車の消費や輸出が増加した場合、その自動車を製造するために他産業が間接的にいくらの生産を行うかという波及効果を計算することができ、行列計算の知識を用いると、その波及効果がもたらす二次的な波及、三次的な波及を一気に計算し、需要増による自動車の生産の増加が最終的に国内の各産業に及ぼす影響を計算することが可能となる。また、輸入係数によりその生産のために発生した輸入額の変化も計算することができる。

産業連関分析の最終需要に別途求めたＧＤＰや輸出などの予測を反映させれば、マクロ経済と整合的な各産業の生産見通しを得ることができる。

変化を織り込み２０５０年の経済を描く

この手法を用いると、図表１−３で想定したＤＸ加速やカーボンニュートラルに向けた様々な変化を織り込むことで、２０５０年の経済を描くことができる。

例えば、投入係数行列は生産のために何が必要かという技術を表現しているので、将来省エネが進むのであれば、各産業の生産におけるエネルギーの投入は減少し、その投入係数は小さくなる。その結果、エネルギー関連の産業の国内生産額が変化し、化石燃料の輸入が減少する。それに加え、電力部門における電源構成が変化し再エネの普及が進めば、化石燃料の輸入は一層減少する。

また、人々の消費行動が変化し、例えばシェアリングエコノミーの進展で自動車の購入台数が減少するのであれば、それは最終需要に占める自動車関連の支出の減少として表され、燃料電池車（ＦＣＶ）の普及による内燃機関の利用減少が投入係数に反映される。ガソリンの使用も大幅に減少する。その結果、国内の自動車の生産額だけでなく関連産業の生産額や輸入にも影響する。

このように、最終需要（消費、投資、輸出）の伸びや構成、投入係数などを調整することで、2050年の産業連関表を作成し、分析を行っている。

【テクニカルノート3】国際分業とCO_2——生産ベースと消費ベース

化石燃料を使いモノやサービスを生産・提供するとき、買い手の企業や消費者もモノ・サービスに埋め込まれたCO_2を事実上消費し、恩恵を得ている。ものづくりが得意な日本は、生産時の排出が多くなりがちだ。

これに対し、サービス経済化で先行する国は、「CO_2生産（生産で排出されるCO_2）」を抑制する半面、モノの輸入が相対的に多くなり、高めの「CO_2消費（輸入国のCO_2排出量にはカウントされない）」をしているケースもある。生産・消費の偏りは、各国が最適な国際分業を築いてきた結果だ。国際分業の視点からCO_2排出を考えてみよう。

「優等生」との差、消費ベースでは小さく

通常のCO_2排出量は、各国内の事業所などが排出するものを対象とする。これを「CO_2生産」としよう。一方、モノやサービスの買い手に注目すれば「CO_2消費」を考えることができる。CO_2生産から、輸出品の生産過程で投入した炭素を差し引き、輸入品の生産時に海

図表 T3－1　CO_2排出量の消費超過率（2018年）

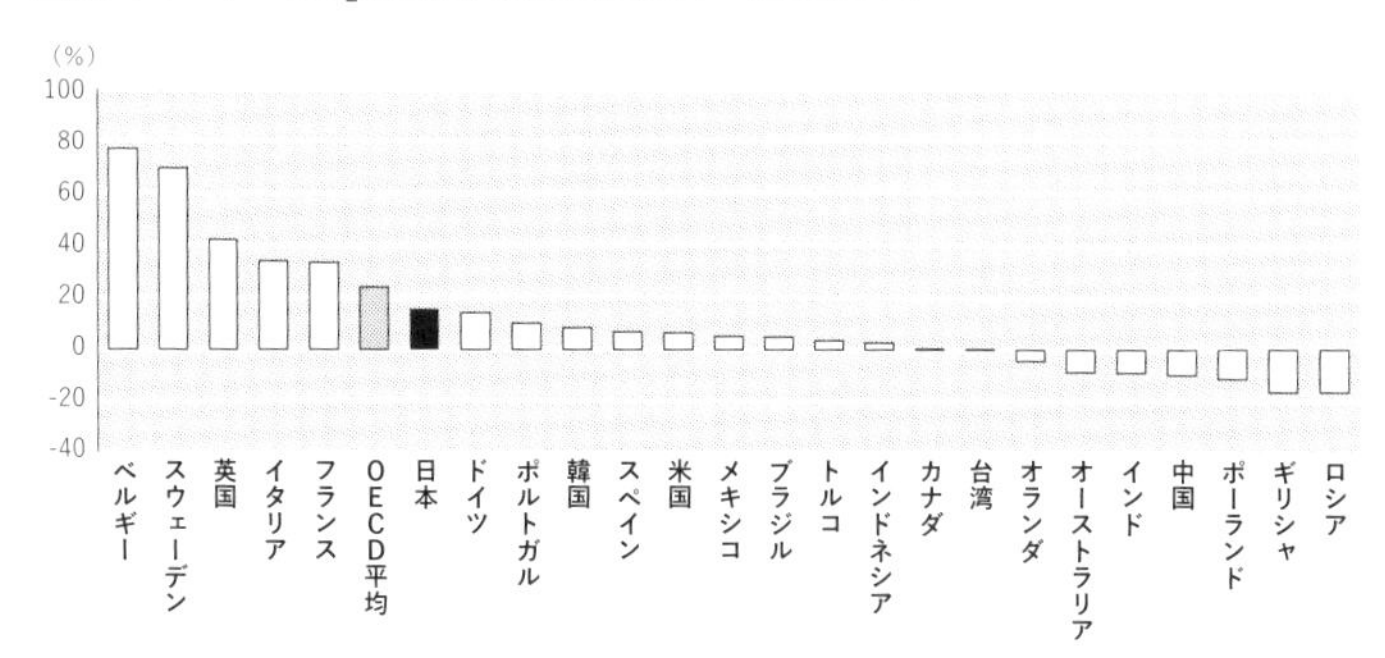

（資料）CO_2消費がCO_2生産を超える比率。Peters et al.（2011）の手法を用い、Global Carbon Project が算出。対象とした64カ国のうち、日本経済研究センターが人口1000万人以上の主な国を選んで表示。対象国全体ではCO_2消費＝CO_2生産になる

外で使った炭素を加える。貿易データや国際産業連関表を用いて算出する。どの程度消費が生産を上回っているかを、2018年について示したのが図表T3－1だ。

この図表から2つの点に気付く。第一に、全体的に先進国では消費が生産を上回り、途上国では逆となる傾向がある。特に、欧州では消費が生産を大きく上回る国が多い。第二に、日本も消費超だが、OECD平均と比べると少ない。欧州ではドイツが日本と同程度だ。

生産と消費、2つのCO_2排出量を各国の経済規模と対比させてみよう。1000ドルの付加価値を稼ぐのに、どのくらい排出しているかだ（図表T3－2左の棒グラフ）。

スウェーデンや英国など図表T3－1で消費超が大きい国は、GDP比で化石燃料投入が少ない国でもある。いわば脱炭素の「優等生」だ。しかし、C

図表 T3－2　GDP 当たりの CO_2 排出量

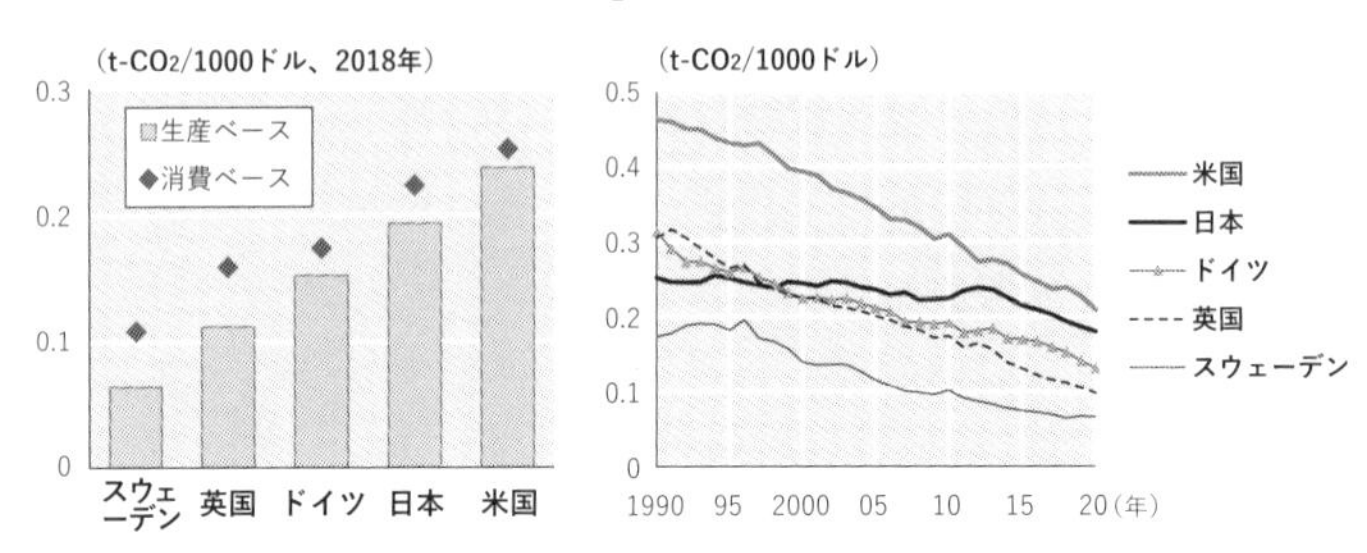

（資料）Global Carbon Project が算出したデータと国際通貨基金（IMF）統計から日本経済研究センター作成

CO_2生産に代えCO_2消費で同様の指標をみると（菱形のマーカー）、生産ベースに比べて、国ごとの差が縮まる。スウェーデンは生産ベースでは日本の3分の1だが、消費ベースでは2分の1にとどまる。消費基準では欧州勢の脱炭素に改善できる点が残っていることを示唆している。

生産ベースの時系列変化をみたのが図表T3－2の右側だ。スウェーデンや英国がどんどんCO_2排出を減らす一方、日本の遅れが目立つ。米国はまだ水準が高いが減少のスピードが速い。

貿易要因を可視化すると――主要国比で「生産」、約1割多く

脱炭素を左右する要因はほかにもある。スウェーデンのCO_2生産が少ないのは産業構造に加え、エネルギー供給の非化石化を大きく進めたからだ。電源をほぼ100％脱炭素化したほか、暖房燃料もバイオマス比率を高めた。ドイツが脱炭素で日本に先行しているのも、同国

図表 T3－3　日本と主要国の差（要因分解）

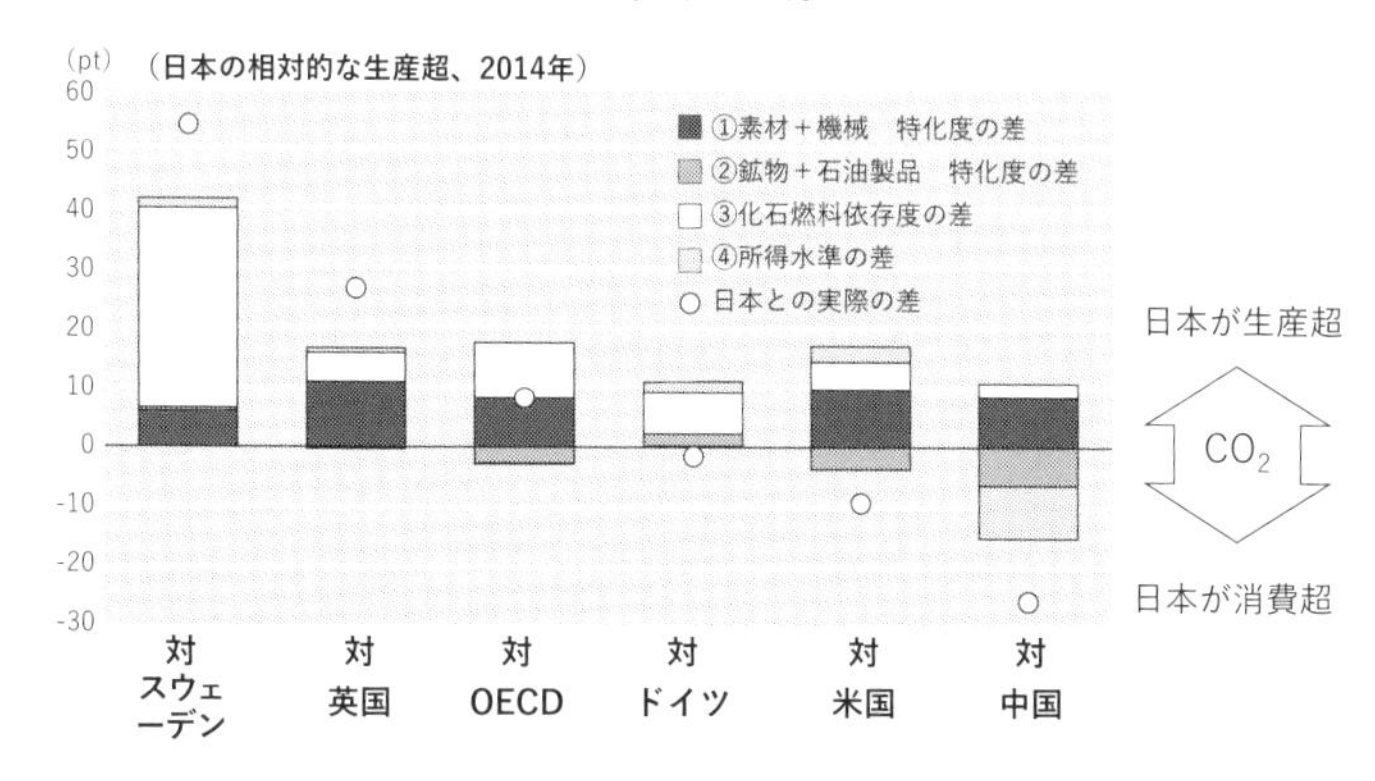

（資料）World Carbon Project、国際産業連関表（WIOD）、IMF 統計などを基に日本経済研究センター推計。要因分解に用いた推計式の期間は、WIOD のデータ制約から2000～14年

が再生エネルギーを意欲的に導入したからだ。米国は、クルマ社会であることに加え、シェールの産出が伸びたため、化石燃料依存が高い。こうした他の要因も含めて、炭素の生産・消費バランスを計量分析してみよう。

以下の４つの要因を考える。

①素材＋機械の輸出特化係数
②鉱物・石油製品などの特化係数
③化石燃料依存度（一次エネルギーベース）
④所得水準

①は、既に説明した製造品の供給役になっているとＣＯ２生産が多くなる側面だ。②は、石油・石炭・天然ガスや同製品の輸出が多いと、やはり化石燃料を生産に用いる傾向が強くなる傾向をとらえる。③は、総合的な炭素依存度だ。非化石電源・燃料の導入率が高ければ、生産過程を脱炭素化しやすい。④は、所得水準（一人当たりＧＤＰ）

が大きいほど、より高い消費水準を享受しようとし、CO_2消費が大きくなりやすい傾向をとらえる。

被説明変数をCO_2の消費超過率として、37カ国、2000〜14年のデータを用いて回帰分析を行った。得られた回帰係数を用いて、日本と主要国との差を要因分解したのが、図表T3−3だ。日本が欧米諸国に比べて生産超に振れやすい度合いを示している。

結果をみると、回帰分析では説明しきれない部分もあるが、日本は①の素材+機械の貿易要因で、英国・米国やOECD平均に対し1割程度、CO_2が生産超になりやすいことがわかる。③の化石燃料依存度に注目すると、スウェーデンに対して30ポイント以上の差がついているほか、他の地域に対しても軒並み同要因がプラス（日本の生産超に寄与）となっており、日本はエネルギー供給の脱炭素化で出遅れていることが改めて確認できる。

第3章

戦略——エネルギー需給の現実と未来

2021年10月、政府は第6次エネルギー基本計画を決めた。エネルギー需給目標も公表された。しかし本章の狙いは、「ベスト・ミックス」を予測したり、提示したりすることにあるのではない。カーボンニュートラルを目指すために必要なエネルギー源や需要面での政策課題、エネルギー関連技術の研究開発の在り方について考えたい。

エネルギー基本計画——「計画」であって「戦略」ではない

「エネルギー基本計画」は何のためにあり、意義はどこにあるのか。逆に「計画」に依存するエネルギー政策にマイナスはないのか。「エネルギー基本計画」の功罪とその本質的問題について考えてみたい。

「エネルギー基本計画」は2002年に成立した「エネルギー政策基本法[1]」にもとづき、政府が閣議決定するエネルギー政策である。いわゆる3E（エネルギー安定供給〈第2条〉、環境への適合〈第3条〉、経済効率性［市場原理の活用］〈第4条〉）の目標を法律で掲げており、２０１１年の福島第一原子力発電所事故以降の基本計画には、さらに「Ｓ」（安全の確保）が加えられ、３Ｅ＋Ｓが政策の大きな柱となっている。政府は少なくとも3年に1回は「エネルギー基本計画」を策定し、国会に報告することが義務付けられている（第12条）。

このエネルギー政策基本法ができるまで、日本のエネルギー政策は、「長期エネルギー需給見通し」にもとづいて、形成されてきた。その「需給見通し」に示されるエネルギー構成が、それぞれのエネルギー源の数値目標となっており、産業界と政府の合意の下で、エネルギー政策が形成されてきたと言える。産業界と政府の利害を調整する機能は果たしてきたといってよいだろう。

しかし「長期エネルギー需給見通し」の功罪や役割もほとんど検証されていないまま、エネルギー政策基本法の下で「エネルギー基本計画」が策定されるようになった。今は「長期エネルギー需給見通し」は、その「基本計画」にもとづいてつくられる。

まず注目すべきは、「長期エネルギー需給見通し」の信頼性である。過去「長期エネルギー需給見通し」の予測が、まともに当たったためしがない。

図表３−１は、過去の「長期エネルギー需給見通し」と実績を比較したものである。１９６０年代は需要を過小評価、70年代に入ると逆に過大評価が続き、80年代に入っても、過小評価・過大評価を繰り返している。それでもこの「需給見通し」がその後のエネルギー政策の基

図表3−1　日本の長期エネルギー需給見通しと実績の比較（一次エネルギー総供給）

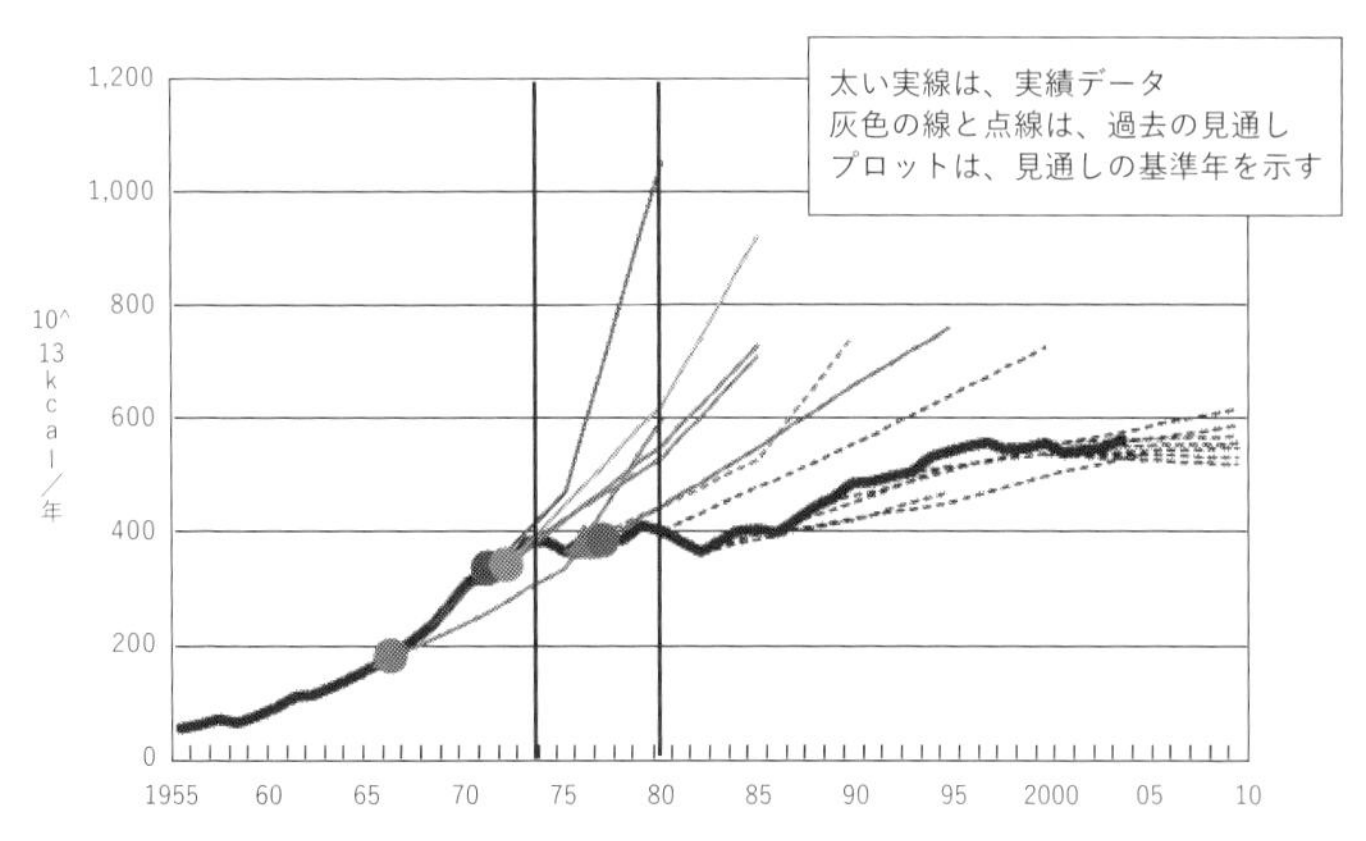

（出典：元日本エネルギー経済研究所・藤目和哉氏より提供）
（出所）科学技術振興機構低炭素社会戦略センター「シナリオプランニングを活用した2050年の明るく豊かな低炭素社会試案」2017年3月

本となってきたのである。

2000年代に作成された政府のエネルギー需給見通しと現実のエネルギー消費量、CO_2排出量（エネルギー起源）を比較したのが図表3−2だ。左図はエネルギー消費量だが、常にエネルギー需要を1割以上過大に見積もっている。しかも左図にプロットした見通しは、省エネが最大限進んだケースだ。この原因は、常に高めの経済成長を見込んでいるからだ。

図のCO_2排出量については、省エネや再エネ、原子力が最大限に進んだ場合以外のケースもプロットした。足元では200

（1）「エネルギー政策基本法」、平成14年法律第71号　https://elaws.e-gov.go.jp/document?lawid=414AC1000000071

図表3－2　エネルギー消費は常に過大な見通しに

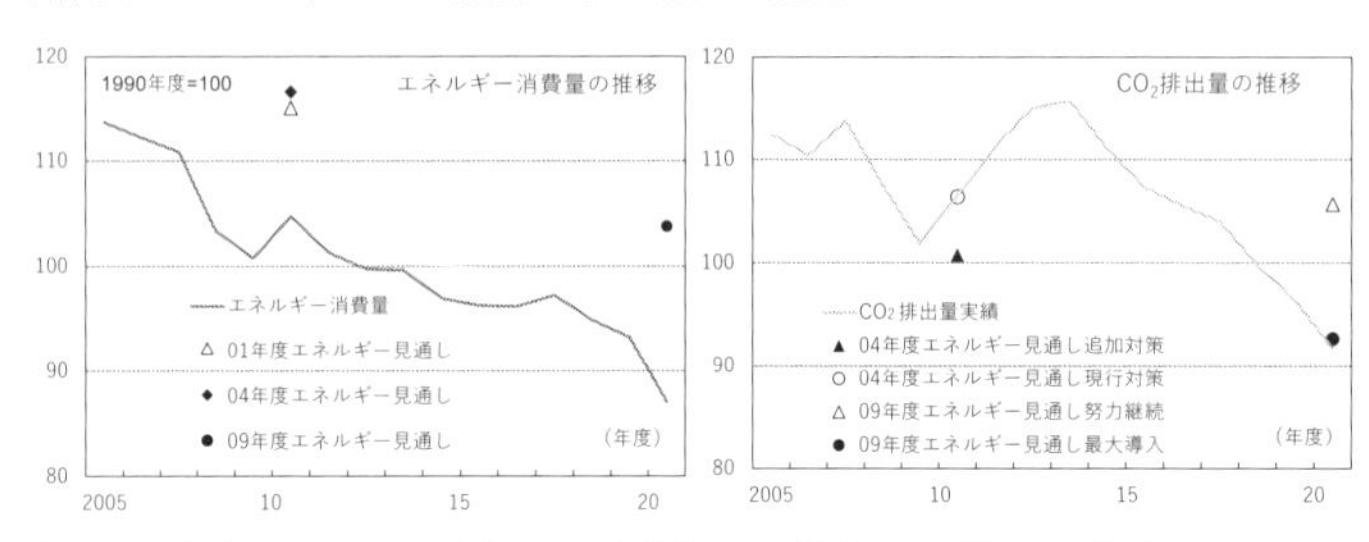

（注）2020年度のエネルギー消費量は国内供給量から推計、CO_2排出量は推計したエネルギー消費量から推計

（資料）各年度の長期エネルギー需給見通し（2001年度は供給見通し）。日本エネルギー経済研究所データベース

9年時点に2020年の目標とした05年比15％削減は達成できそうだ。しかし省エネや再エネ、原子力などの進展というより、成長率の低下によるエネルギー消費量の減少による達成という状況になっている。

では、この「エネルギー長期需給見通し」や、その伝統を引き継ぐ「エネルギー基本計画」の問題はどこにあるのだろうか。

第一に、エネルギー市場の自由化に伴う不確実性と「計画」の関係である。

競争を通じてエネルギー価格の低下を狙うことが、自由化の大きな目的の一つである。「自由化」を進める背景には、そのほかにも電力・ガスといった巨大公益事業の「権益」や「政治力」が、エネルギー事業や政策にかえって悪影響を与えてきた、との反省もある。デジタル技術等を背景に、エネルギーシステム全体の改革を実現する意味でも、「自由化」による他産業からの参入を促進することも大きな目的であった。

これらを実現するためには、エネルギー基本法にも書かれている「市場原理の活用」が不可欠である。

しかしエネルギー基本計画という発想そのものが、この「市場原理の活用」と決して相性がよくない。目標の設定自体は悪いことではないが、政府の計画通りに市場経済が動かないのは周知のとおりであり、「市場原理の活用」を進めることは、むしろ「計画」的発想から離れる必要があるはずだ。自由化を進めた欧州や米国では、もはやこの「エネルギー計画」のような政策は実施されていないのも、そういう背景がある。

第二に、２０３０年という、エネルギー政策としてはむしろ「短期」な計画の問題である。政府として市場にシグナルを発する、という意味で「長期ビジョン（目標）」を示すことは大変有意義なことであり、それ自体は歓迎されるべきものだ。今回でいえば「２０５０年にカーボンニュートラルを達成する」という目標設定は評価されてよい。

しかし、その目標を達成する過程のポイントとして、２０３０年はあまりにも近い。エネルギー需給インフラは、一般的に言って構築するのに時間がかかり、いったんインフラが整備されると40年程度はそのインフラに依存することになる。既存インフラの転換にはどうしても10年以上の単位で時間がかかることを、覚悟せねばならない。

１９７３年の石油危機のとき、日本の一次エネルギー消費の石油依存度は75％であった。脱石油を目指して、政府は石油代替エネルギー法、原子力推進のための交付金制度などを導入したが、10年後にようやく石油依存度は55％にまで低減、ほぼ半世紀後の現在は、約40％となっている。

　エネルギー転換は時間がかかる。したがってエネルギー政策では、20～30年程度の長期的視点で、制度設計などを検討する必要がある。現に、２００６年に作成された「新・エネルギー国家戦略」[2]のときには、目標年を24年後の２０３０年に設定しているが、その後のエネルギー基本計画では時間がたっているにもかかわらず目標年次が２０３０年で不変なのはどうしてだろうか。少なくとも２０３５年、または２０４０年を目指した政策であるべきだろう。

　第三に、代替案評価の欠如である。政策議論で最も重要な要素が「代替案の評価」であるが、エネルギー基本計画の議論には、その視点がほとんどといっていいほど欠けている。文章をみると、技術や政策のリストが書かれているだけで、それらの政策的効果や、代替案との比較が見えてこない。これでは、十分な政策議論にはならない。すべての選択肢を排除しない、とは書かれているが、それでは政策にはつながらない。

　政策決定はすべての選択肢を排除せず考慮したうえで、優先順位をつけて「選択」することを求められる。「エネルギー基本計画」は、政策決定というより、目標を実現するための「買い物リスト」のように見える。しかし本当の政策では、その選ばれた選択肢のなかでも「優先順位」や「資源の配分」まで検討する必要があり、その根拠も示されなければならない。現在の「エネルギー基本計画」には、これらの重要な要素が欠けている。

最後に、意思決定プロセスの問題だ。相変わらず審議会方式で実施されている意思決定プロセスでは、あまりにも意見の幅が狭い。中心となっている総合資源エネルギー調査会をみても、直接の利害関係者が多く参加しており、意見の多様性も見えにくい。議論の経過をみても、いわゆる市民社会からの参加プロセスがまったく見えてこない。これでは、国民的課題として取り上げられたとしても、一部の利害関係者による議論の結果、とみられても仕方ない。

この分野における意思決定プロセスの民主化についていえば、2009年麻生太郎政権時の「2005年比15％削減」中期目標設定や、2012年の菅直人政権時の「革新的エネルギー環境戦略」設定における「国民的議論」のやり方などが、参考になる。[3]これらの事例でもとても十分とは言えないものの、現在のエネルギー基本計画意思決定プロセスはむしろ逆行しており、十分な検証が必要だ。

（2）経済産業省「新・国家エネルギー戦略について」(2006) http://earthresources.sakura.ne.jp/er/ZR11_Z_08.html

（3）麻生政権時の「国民的議論」については、山田久美子・柳下正治「我が国の気候変動政策における意思決定プロセスへの市民関与の発展」『環境科学会誌』Vol. 24, No. 5, pp. 422-439, 2011. https://www.jstage.jst.go.jp/article/sesj/24/5/24_422/_pdf/-char/ja．また菅政権時の「国民的議論」については、柳下正治編著『徹底討議　日本のエネルギー・環境戦略』（上智大学出版、2014年）を参照。

これらを総合的に言えば、「計画」と「戦略」の根本的な違いである。「計画」はある一定条件がそろうことを前提に、目標を達成するための施策を順序立ててつくるものであるが、その前提条件が崩れた場合の用意がない。いわゆる「プランB」が存在しない。一方、「戦略」とは、状況を考慮にいれ、前提が崩れた場合の選択肢を用意し、柔軟に対応できるものでなければいけない。

この点を配慮してか、最新の「エネルギー基本計画」には、「複数シナリオの重要性」という項目があり、英国やEUのエネルギー政策の柔軟性を評価している。[4]日本の「長期エネルギー需給見通し」に相当するものとして、EUや英国、米国では政府による将来の「長期予測」が出されている。「現状通り」の予測に対し、代替政策を導入した場合の定量的評価を示すことを目的としているものが多い。[5]政策はあくまでも目標を実現するために必要な政府の施策に焦点が置かれており、個別電源の開発目標などはあえて明示しないようになっている。

しかし当の「エネルギー基本計画」に使われる「長期エネルギー需給見通し」は、政策評価の道具というよりは、それぞれのエネルギー源の開発目標を定量的に提示することを目的としたものとなっている。その場合、特定の前提条件がそろわないと実現しない「硬直的」な政策につながり、短期的な視野でしか計画を作らないとすれば、その「柔軟性の幅」もごく小さいものとなる。例えば、以前発電容量の目標値を設定していたころは、実際のエネルギー施設への投資を固定化してしまう恐れがあった。その発電量の目標値の場合、電力需要の過大な予測に対応すると、結果として、設備はベース電源が過剰になると再生可能エネルギーのような変動電源は設備ができても発電系統にアクセスできなくなる可能性が生まれる。

固定的な「設備容量や発電量の目標」を政策に連係してしまうと、かえって政策の柔軟性をなくす。文章で画期的な記述をしても、その実現性は極めて不透明なものになる。計画自体の信頼性にも疑問符が付き、産業界や国民の理解も納得も十分に得られないことになる。

気候変動対策、コスト効果発揮できる導入支援策を

「エネルギー基本計画」には、カーボンニュートラルに向けて、あらゆる選択肢を排除しない、と明記されているが、前述のように、その選択肢にどのような優先順位をつけて導入していく

（4） 経済産業省「エネルギー基本計画（素案②）—見え消し版」２０２１年8月4日、P22 https://www.enecho.meti.go.jp/committee/council/basic_policy_subcommittee/2021/048/048_007.pdf

（5） 例えばUK Department for Business, Energy and Industrial Strategy, "Projections of greenhouse gas emissions and energy demand from 2019 to 2040", 30 October 2020, last updated 23 December 2020. https://www.gov.uk/government/publications/updated-energy-and-emissions-projections-2019#history, US Energy Information Administration (EIA), "Annual Energy Outlook 2021(AEO 2021)", February 3, 2021. https://www.eia.gov/pressroom/presenrations/AEO2021_Release_Presentation.pdf

のかという、肝心の政策指針が見えてこない。

その一つの指針として挙げられるのが、それぞれの施策のコスト効果（例えば、CO_2の限界削減コスト）を比較することである。図表3－3は、多くのCO_2削減技術の削減ポテンシャルとその限界費用をプロットした、「CO_2限界削減コストカーブ」の概念図である。

この図では、横軸には各対策のCO_2削減ポテンシャルを、縦軸にはその**限界削減費用**をプロットしている。この図から様々なCO_2削減対策を大きく3つのグループに分類することができる。

グループA：対策費用が負、すなわちコストダウンできる対策は、市場原理によって導入が進む。もし導入が進んでいないとすれば、何らかの制度的障壁（規制や既得権益者による妨害など）があると考えられる。それらの障壁を取り除く必要がある

グループB：経済性はないが、支援制度や規制などで導入が可能と考えられる対策。炭素税などの導入により、経済性が生まれ、導入が進む対策などが考えられる

グループC：現時点ではコストが高すぎて導入の見通しが立たない。コストダウンの技術開発が必要

このようなコストカーブを正確に描くのは容易ではないが、あくまでも多様な選択肢を整理

図表 3−3　CO_2限界削減コストカーブ

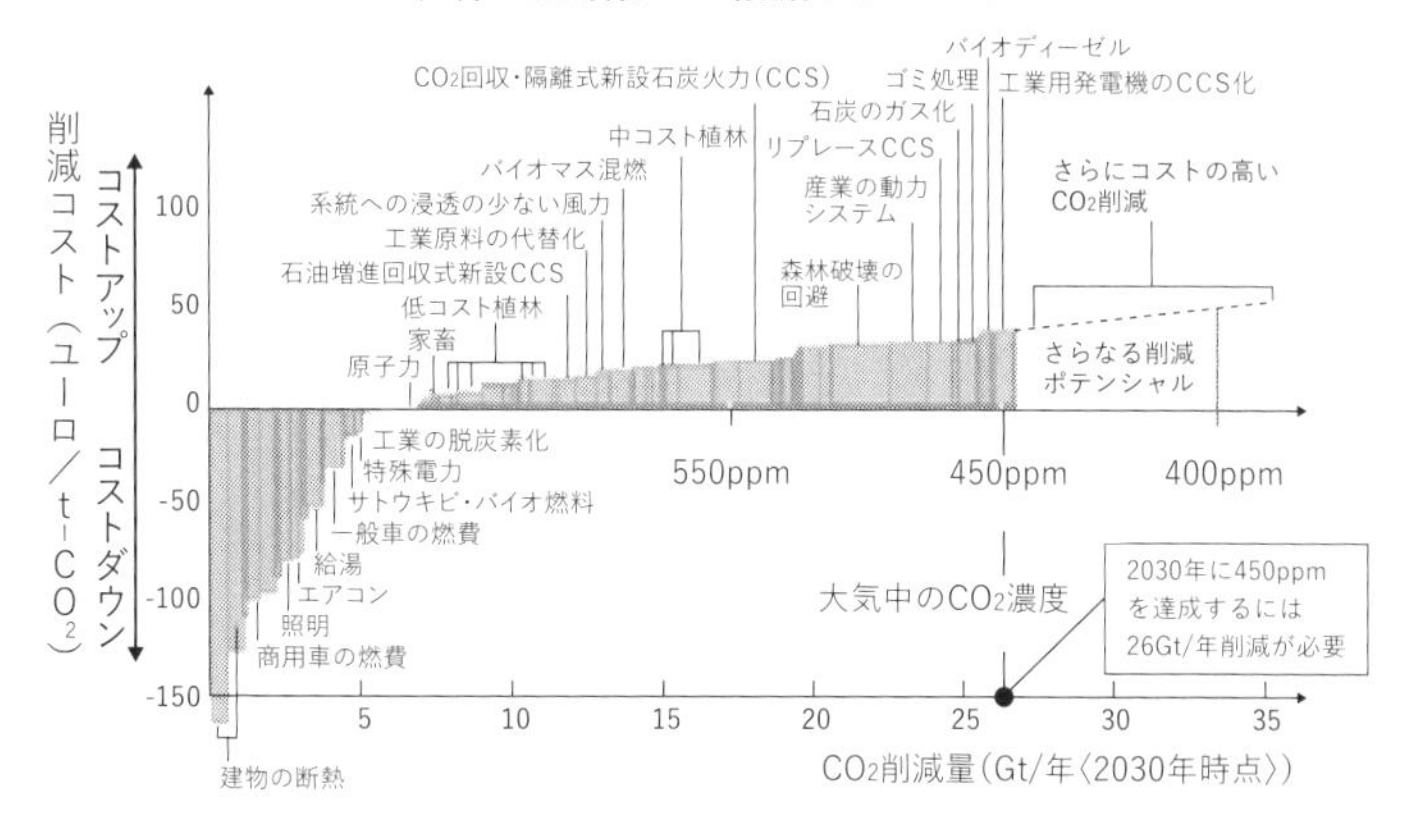

（出所）東京大学政策ビジョン研究センター「社会が選択するエネルギー・環境政策」2009年7月14日　https://pari.ifi.u-tokyo.ac.jp/policy/policy2_tech.html

する一つの指標として、こういったカーブを利用することは有益である。情報共有としても貴重な手段と考えられる。それぞれのグループで考えられる施策を検討してみよう。

グループAの技術で、もし市場普及が遅れているとすれば、前述のように不必要な規制などがまず考えられる。以前、太陽電池を住宅の屋根に設置する際にも、住宅の所有者に「電気技師資格」を要求していた時代があった。このような不必要な規制を精査することも必要だろう。

太陽熱温水器システムのように、太陽光電池よりも経済性や効率で勝る技術の普及が遅れているのは、「情報の認識」、すなわち「太陽熱は古くてダサい」といったイメージが影響している可能性もある。

図表3−4　固定買取制度（FIT）の買い取り総額の推移

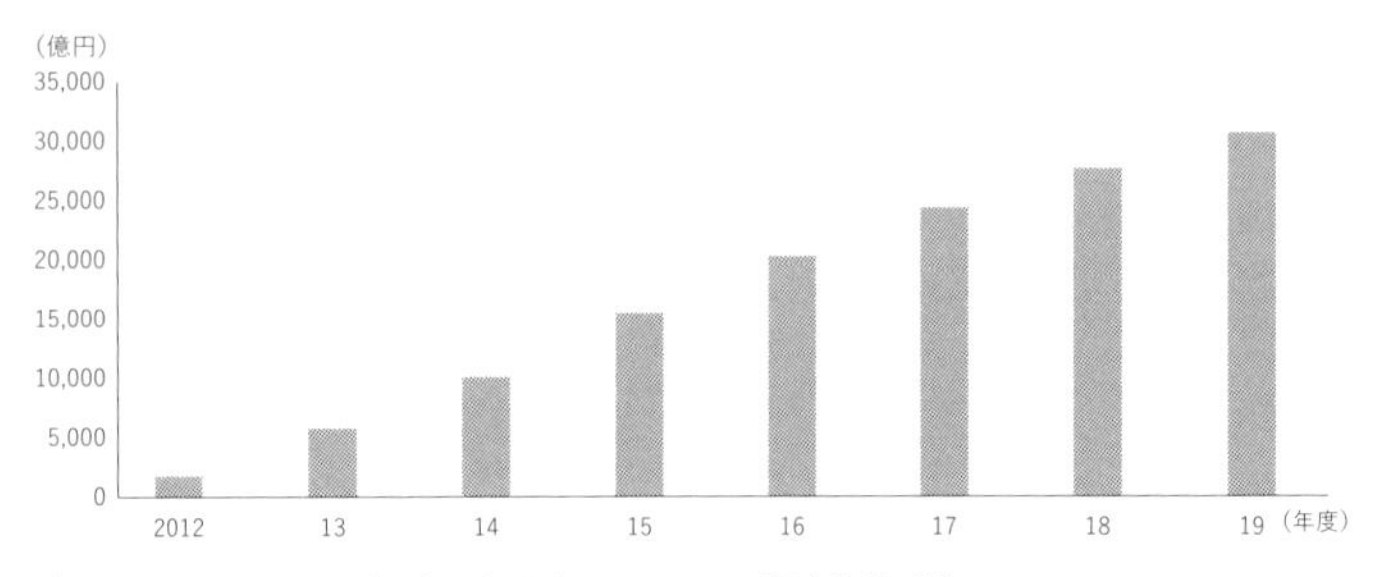

（資料）日本エネルギー経済研究所「エネルギー・経済統計要覧2021」

このような見逃されている技術への見直しが必要であり、エネルギー基本計画ではその視点が抜けている。

グループBでは、代表的施策として挙げられるのが、再生可能エネルギーの「固定価格買取制度（ＦＩＴ）」であろう。ＦＩＴ制度の費用が莫大にふくれあがった背景には、市場原理の活用ではなく、固定価格により、むしろ歪めてしまったとの見方ができる（図表3−4）。

原因としては、化石燃料の使用に伴う社会費用の発生に目をつぶり、再生可能エネルギーの利用費用を広く消費者が負担する仕組みになっていることが挙げられる。

しかも、時限立法では、十分な市場原理が働かない。新しい制度としてＦＩＰ制度（固定価格ではなく、一定のプレミアムを受け取る制度）に移行する計画が検討されている。しかし、基本的には市場メカニズムとしての効果は限定的、さらには政府の意図的介入策として、弊害も起こりうる。

対照的な支援制度は、炭素税などのカーボンプライシング制度（第4章で詳述）であろう。炭素税は、再エネの利用拡大を環境負荷の大きい化石燃料の使用に伴うコストを増やすことで支えるため、市場全体に公平な資源配分が理論上は可能である。しかも持続的な制度として継続できる。

グループCでは、技術開発への支援が必要だが、特定の技術を政府が選択して実証計画を進めると、かえって失敗に陥りやすいのは、原子力分野の高速増殖炉や石炭液化などの例を見ても明らかである。ブレークスルーをもたらすための基礎基盤技術や基礎研究への支援を、政府は強化することが必要と思われる。

また多様な選択肢に研究開発資源を分配することも忘れてはならない。研究開発については、個々の実用化の成否を見るだけではなく、全体のポートフォリオを総合的に評価する仕組みも必要だ。いずれにせよ、従来の研究開発の評価の仕組みは関係者が多く関与するため、第三者機関を設置して客観的な評価の仕組みをつくる必要がある。

原子力依存脱却へ

福島原発事故後、初のエネルギー基本計画(2014)[6]には、次のような文章が「はじめに」に入れられた。

(6) 経済産業省「エネルギー基本計画」(2014年4月) https://www.enecho.meti.go.jp/category/others/basic_plan/pdf/140411.pdf

「震災前に描いてきたエネルギー戦略は白紙から見直し、原発依存度を可能な限り低減する。ここが、エネルギー政策を再構築するための出発点であることは言を俟たない。政府及び原子力事業者は、いわゆる『安全神話』に陥り、十分な過酷事故への対応ができず、このような悲惨な事態を防ぐことができなかったことへの深い反省を一時たりとも放念してはならない」（傍線筆者）

一方で、原子力発電の項目では次のように書かれている。

「数年にわたって国内保有燃料だけで生産が維持できる低炭素の準国産エネルギー源として、優れた安定供給性と効率性を有しており、運転コストが低廉で変動も少なく、運転時には温室効果ガスの排出もないことから、安全性の確保を大前提に、エネルギー需給構造の安定性に寄与する重要なベースロード電源である。（中略）原発依存度については……（中略）可能な限り低減させる。我が国の今後のエネルギー制約を踏まえ、安定供給、コスト低減、温暖化対策、安全確保のために必要な技術・人材の維持の観点から、確保していく規模を見極める」（傍線筆者）

「原発依存度を可能な限り低減させる方針」の下、「重要なベースロード電源として確保していく規模を見極める」。この一見相矛盾する政策が、福島原発事故以降の原子力政策となっている。

これは大変わかりにくい政策だ。依存度をできる限り低減するのであれば、一定規模の維持はできないことになる。一定規模の維持を確保しようとすれば、いずれ新設・増設も必要となり、可能な限り依存度を下げることもできなくなる。この矛盾をかかえたまま、どちらつかずの原子力政策が継続している、というのが現状ではないか。

今回、カーボンニュートラルを目標にしたエネルギー政策では、このあいまいな原子力政策から脱却して、「新設・増設」を明記する可能性が指摘されてきた。しかし原案を見る限り、原子力政策の基本はそれほど変わっておらず、「可能な限り、依存度を低減する」としつつ、「長期的なエネルギー需給構造に寄与する重要なベースロード電源である」とされている。矛盾を抱えたままのあいまいな政策は依然変わっていない。

原子力の将来を占ううえで、重要な要素として考えなければいけないのが、経済性と社会の信頼である。この2つがそろわない限り、ベースロード電源としての重要性は失われるだろう。経済性について、大きな転換点を迎えるデータが公表された。2030年時点で平均発電コスト比較では、原発は最も低コストではなくなったのである[7]（図表3-5）。

政府による発電コスト比較が公表され始めてから初めてのことであり、原子力政策の将来を

（7）経済産業省発電コスト検証ワーキンググループ「発電コスト検証に関するとりまとめ（案）」2021年8月3日 https://www.enecho.meti.go.jp/committee/council/basic_policy_subcommitee/mitoshi/cost_wg/2021/data/08_05.pdf

太陽光（事業用）	太陽光（住宅）	小水力	中水力	地熱	バイオマス（混焼、5%）	バイオマス（専焼）	ガスコジェネ	石油コジェネ
8.2～11.8（7.8～11.1）	8.7～14.9（8.5～14.6）	25.3（22.0）	10.9（8.7）	17.4（10.9）	14.1～22.6（13.7～22.2）	29.8（28.1）	9.5～10.8（9.4～10.8）	21.5～25.6（21.5～25.6）
17.2% 25年	13.8% 25年	60% 40年	60% 40年	83% 40年	70% 40年	87% 40年	72.3% 30年	36% 30年

（注2）グラフの値は、IEA「World Energy Outlook 2020（WEO2020）」の公表済政策シナリオの値を表示。コジェネは、CIF 価格で計算したコスト

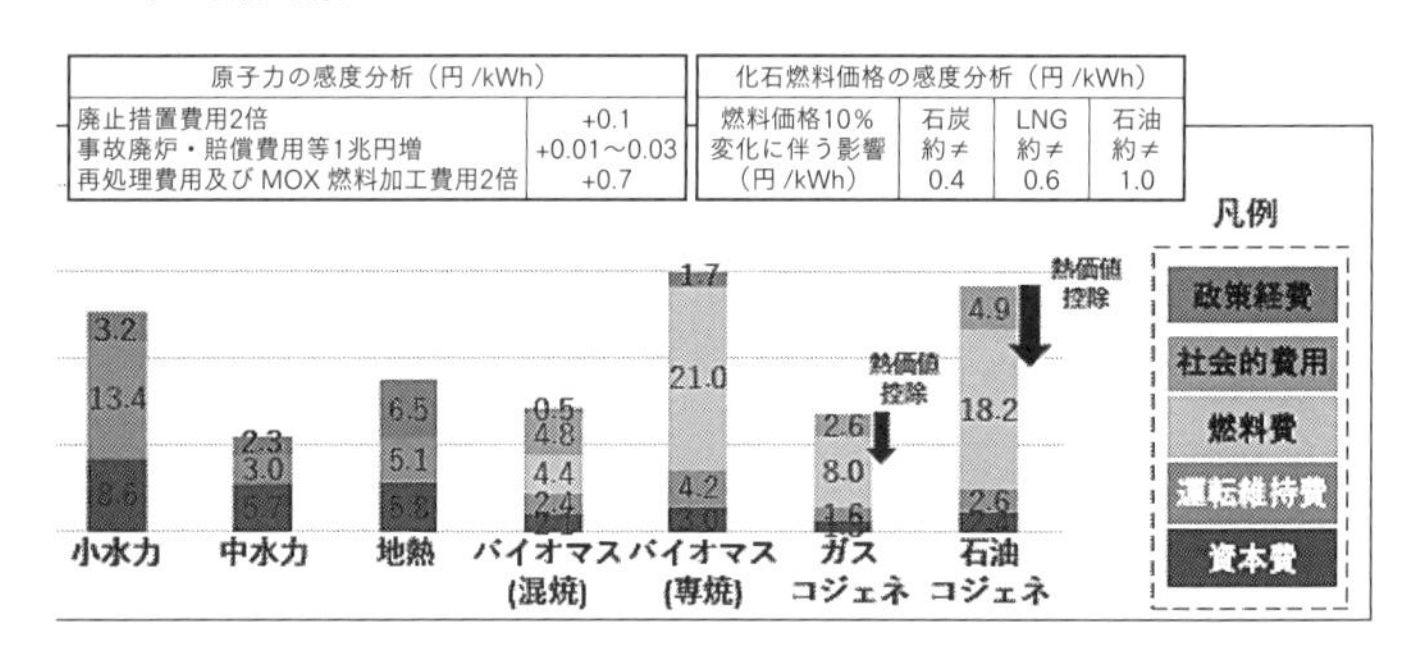

占ううえでも重要な転換期ということができる。この経済性悪化の背景には、当然のことながら福島原発事故の影響がある。

発電コスト検証ワーキンググループの推定によると、1基あたりの追加安全対策費用は約2000億円に上り、資本費に換算すると1369億円、発電コストに換算すると1・3円／kWh（2015年時には0・6円／kWh）に上る。事故リスク対応費用も、発電コストに換算すると0・6円／kWh（15年時には0・3円／kWh）であり、これだけで2円近い発電コストの上昇になっている。

この傾向は今後も上昇するものと予想されており、原子力発電所のコスト競争力は改善する見通しは立たないのが現状

図表 3−5　2030年時点での発電コスト比較

電源	石炭火力	LNG火力	原子力	石炭火力	陸上風力	洋上風力
発電コスト(円 /kWh) ※(　)は政策経費なしの値	13.6〜22.4 (13.5〜22.3)	10.7〜14.3 (10.6〜14.2)	11.7〜 (10.2〜)	24.9〜27.5 (24.8〜27.5)	9.9〜17.2 (8.3〜13.6)	26.1 (18.2)
設備利用率 稼働年数	70% 40年	70% 40年	70% 40年	30% 40年	25.4% 25年	33.2% 25年

(注1)表の値は、今回検証で扱った複数の試算値のうち、上限と下限を表示。将来の燃料価格、CO_2対策費、太陽光・風力の導入拡大に伴う機器価格低下などをどう見込むかにより、幅をもった試算としている。例えば、太陽光の場合「2030年に、太陽光パネルの世界の価格水準が著しく低下し、かつ、太陽光パネルの国内価格が世界水準に追いつくほど急激に低下するケース」や「太陽光パネルが劣化して発電量が下がるケース」といった野心的な前提を置いた試算値を含む

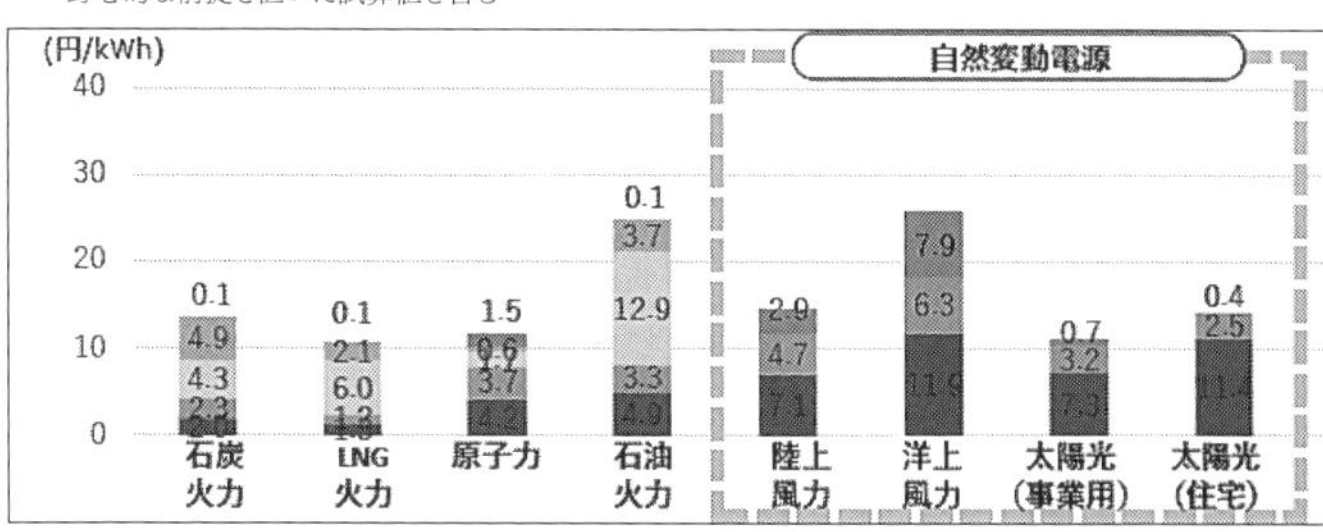

(資料) 発電コスト検証ワーキンググループ「発電コスト検証に関するとりまとめ(案)」(2021年8月)

だ。

さらに社会的信頼も回復できていない。2021年4月、原子力規制委員会は東京電力ホールディングスに対し、柏崎刈羽原子力発電所への新規燃料装荷を止めるよう命令した。その理由は、中央制御室への違法立ち入りや、核物質防護設備の機能喪失に対する代替措置を怠っていたことが理由である[8]。これらは核物質防護措置違反にあたり、厳しい規制判断が下されたことになる。このような状況では、原子力産業や政府に対する信頼感は回復できない。

(8) 原子力規制委員会「東京電力ホールディングスに対する命令」2021年4月14日 https://www.nsr.go.jp/data/000349220.pdf

図表 3−6　電源三法制度の概要

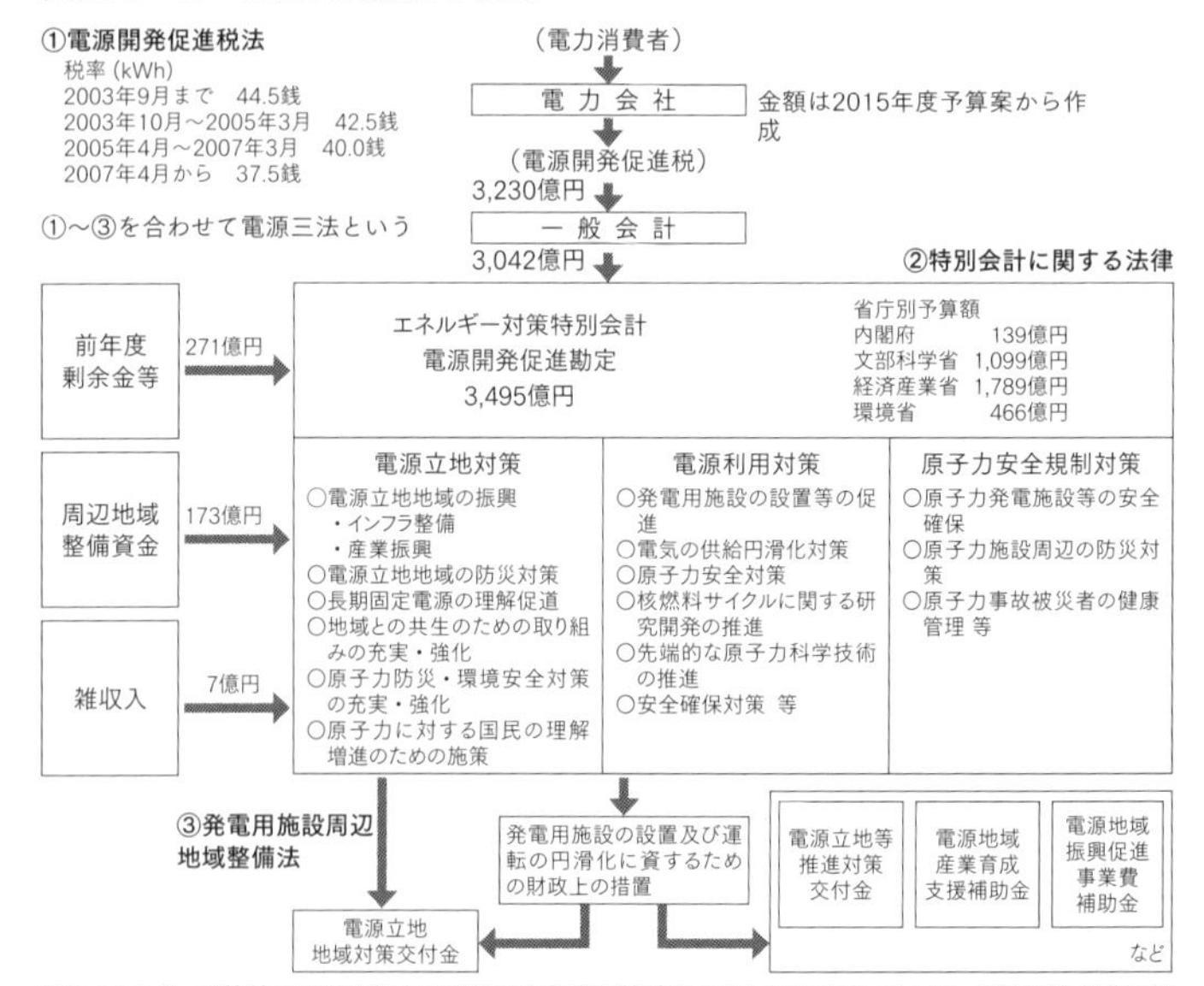

（注）エネルギー対策特別会計は従来の電源開発促進対策特別会計と石油及びエネルギー需給構造高度化対策特別会計を2007年度に統合うち電源開発促進勘定で電源開発促進対策特別会計の業務を承継
2007年度から電源開発促進税の収入は一般会計歳入に繰り入れ、毎年必要額を一般会計からエネルギー対策特別会計に繰り入れる
この他、原子力損害賠償支援勘定として約8兆8,071億円が決定されている
電源開発促進税の収入は2015年度概算額

（資料）日本原子力文化財団「原子力・エネルギー図面集」2015年版

安全神話も崩れ、経済性の神話も崩れ、社会的信頼も回復できそうにない。そうなれば、エネルギー政策としての選択は、やはり「ベースロード電源として確保」するよりも「原発依存度をできるだけ低減する」政策をとるのが賢明であろう。

　まず取り組まなければいけないのは、「原子力拡大路線」を支えてきた制度の改革である。もっとも顕著な例が、石油危機直後に成立した電源三法（電源開発促進税法、特別会計に関する法律、発電用施設周辺地域整備法）だろう（図表3－6）。

この法律の大きな目的の一つが、原子力発電の立地促進にあり、事実この法律にもとづく交付金制度が原発立地市町村の財政を大きく支えてきたのである。さらに2000年に成立し、事故直後の2011年3月に改正された「原子力発電施設等立地地域の振興に関する特別措置法」[9]には、その「目的」が以下のように書かれている。

「この法律は、原子力による発電が我が国の電気の安定供給に欠くことのできないものであることにかんがみ、原子力による発電の推進等に資するため、原子力発電施設等の周辺の地域について、生活環境、産業基盤等の総合的かつ広域的な整備に必要な特別措置を講ずること等により、これらの地域の振興を図り、もって国民経済の健全な発展と国民生活の安定に寄与することを目的とする」

この法律に明確に書かれているように、現在の法制度は明らかに原子力を推進するためにつくられたものであり、依存度を低減させるのであれば、これらの法制度を改正する必要がある。今のままでは、交付金に依存する原子力立地自治体は、再稼働はもちろんのこと、新設・増設を要望するしか、財政を維持できない可能性が高い。電源三法、特に原子力立地自治体を支援する交付金制度の見直しが必要だ。

（9） 原子力発電施設等立地地域の振興に関する特別措置法　https://www.ron.gr.jp/law/law/gensi_rt.htm

次に、核燃料サイクルの見直しである。核燃料サイクルは、原子力が拡大路線を継続する前提の下、資源の節約や将来の燃料自立を目標に進められてきたものである。原子力依存度を低減するのであれば、その本来の目的は必要のないものと考えられ、見直しは必至である。燃料サイクルの要とされる高速増殖炉の実用化は不透明となり、主要燃料となるプルトニウムの回収に不可欠な再処理事業の経済性も既存のウラン燃料に比べ不利となることが明らかとなっている。

このような状況で、核燃料サイクルを継続する理由として、「廃棄物の減容・毒性低減」が挙げられ始めたが、科学的根拠も薄い。青森県六ヶ所村に建設中の再処理工場の総経費は、いまや14・4兆円（2015年時は12・6兆円）に上るとされ、発電コストに換算すると0・7円／kWh（15年時は0・6円／kWh）となっている[10]。このコストは、最終的には電気料金として消費者負担となる。核燃料サイクルの見直しも必至である。

原発の拡大・縮小にかかわらず解決しなければいけない課題として、核のゴミ問題、福島第一原発の廃止措置や賠償、福島の復興問題、再処理から回収されて蓄積しているプルトニウムの処理・処分問題などがあげられる。過去の原子力政策の「負の遺産」とも言える。これらの重要課題の解決が何よりも重要であり、政府が全力で取り組まなければいけない。それなしには原子力の復活はありえない。

再エネの主要電源化、関連整備コスト負担の透明化、公正化が不可欠

再生可能エネルギーの主要電源化の施策の重要な法案改正として、２０２０年6月に「エネルギー供給強靭化法」が成立した。[11] これは、自然災害などへの抵抗力を強めるとともに再生可能エネルギーの主要電源化と持続可能な電力供給体制の確立を目指して、３つの関連法案を同時に成立させたものである（図表3－7）。

その一つが「再生可能エネルギー電気の利用の促進に関する特別措置法」（再エネ特措法）である。そのなかで注目されているのが、固定買い取り制度（ＦＩＴ制度）に代わり、市場価格と連動させてプレミアム（補助額）を事業者に供与する「ＦＩＰ制度」である。

しかし、すでに述べたように、根本的な市場メカニズムの活用とはいいにくいＦＩＴ制度と同様、補助額の設定を資源エネルギー庁が行うため、その補助額によっては、普及がかえって

（10）経済産業省発電コスト検証ワーキンググループ「発電コスト検証に関するとりまとめ（案）」21年8月3日 https://www.enecho.meti.go.jp/committee/council/basic_policy_subcommittee/mitoshi/cost_wg/2021/data/08_05.pdf

（11）資源エネルギー庁「『法制度』の観点から考える、電力のレジリエンス①法改正の狙いと意味」２０２０年6月23日 https://www.enecho.meti.go.jp/about/special/johoteikyo/denjihokaisei_01.html

図表 3－7　エネルギー供給強靭化法の概要

強靱かつ持続可能な電気供給体制の確立を図るための電気事業法等の一部を改正する法律案
【エネルギー供給強靱化法案】概要

背景と目的

自然災害の頻発
（災害の激甚化、被災範囲の広域化）
▼台風（昨年の15号・19号、一昨年の21号・24号）
▼一昨年の北海道胆振東部地震など

地政学的リスクの変化
（地政学的リスクの顕在化、需給構造の変化）
▼中東情勢の変化
▼新興国の影響力の拡大 など

再エネの主力電源化
（最大限の導入と国民負担抑制の両立）
▼再エネ等分散電源の拡大
▼地域間連系線等の整備 など

災害時の迅速な復旧や送配電網への円滑な投資、再エネの導入拡大等のための措置を通じて、強靱かつ持続可能な電気の供給体制を確保することが必要

改正のポイント

1. 電気事業法

(1)災害時の連携強化
①送配電事業者に、災害時連携計画の策定を義務化【第33条の2】
②送配電事業者が仮復旧等に係る費用を予め積み立て、被災した送配電事業者に対して交付する相互扶助制度を創設【第28条の40条2項】
③送配電事業者に、復旧時における自治体等への戸別の通電状況等の情報提供を義務化。
また、平時においても、電気の使用状況等のデータを有効活用する制度を整備【第34条、第37条の3～第37条の12】
④有事に経産大臣が JOGMEC に対して、発電用燃料の調達を要請できる規定を追加【第33条の3】

(2)送配電網の強靭化
①電力広域機関に、将来を見据えた広域系統整備計画（プッシュ型系統整備）策定業務を追加【第28条の47】
②送配電事業者に、既存設備の計画的な更新を義務化【第26条の3】
③経産大臣が送配電事業者の投資計画等を踏まえて収入上限（レベニューキャップ）を定期的に承認し、その枠内でコスト効率化を促す託送料金制度を創設【第17条の2、第18条】

(3)災害に強い分散型電力システム
①地域において分散小型の電源等を含む配電網を運営しつつ、緊急時には独立したネットワークとして運用可能となるよう、配電事業を法律上位置付け【第2条第1項第11号の2、第27条の12の2～第27条の12の13】
②山間部等において電力の安定供給・効率性が向上する場合、配電網の独立運用を可能に【第20条の2】
③分散型電源等を束ねて電気の供給を行う事業（アグリゲーター）を法律上位置付け【第2条第1項第15号の2、第27条の30～第27条の32】
④家庭用蓄電池等の分散型電源等を更に活用するため、計量法の規制を合理化【第103条の2】
⑤太陽光 、風力などの小出力発電設備を報告徴収の対象に追加するとともに、（独）製品評価技術基盤機構（NITE）による立入検査を可能に（※併せて NITE 法の改正を行う）【第106条第7項、第107条第14項】

(4)その他事項
電力広域機関の業務に再エネ特措法に基づく賦課金の管理・交付業務等を追加するとともに、その 交付の円滑化のための借入れ等を可能に【第28条の40第1項第8号の2、第8号の3、第2項、第28条の52、第99条の8】

2. 再エネ特措法
（電気事業者による再生可能エネルギー電気の調達に関する特別措置法）

(1) 題名の改正
再エネの利用を総合的に推進する観点から、題名を「再生可能エネルギー電気の利用の促進に関する特別措置法」に改正【題名】

(2)市場連動型の導入支援
固定価格買取（FIT制度）に加え、新たに、市場価格に一定のプレミアムを上乗せして交付する制度（FIP制度）を創設【第2条の2～第2条の7】

(3)再エネポテンシャルを活かす系統整備
再エネの導入拡大に必要な地域間連系線等の送電網の増強費用の一部を、賦課金方式で全国で支える制度を創設【第28条～第30条の2】

(4)再エネ発電設備の適切な廃棄
事業用太陽光発電事業者に、廃棄費用の外部積立を原則義務化【第15条の6～第15条の16】

(5)その他事項
系統が有効活用されない状況を是正するため、認定後、一定期間内に運転開始しない場合、当該認定を失効【第14条】

3. JOGMEC 法
（独立行政法人石油天然ガス・金属鉱物資源機構法）

(1)緊急時の発電用燃料調達
有事に民間企業による発電用燃料の調達が困難な場合、電気事業法に基づく経産大臣の要請の下、JOGMEC による調達を可能に【第11条第2項第3号】

(2)燃料等の安定供給の確保
① LNG について、海外の積替基地・貯蔵基地を、JOGMEC の出資・債務保証業務の対象に追加【第11条第1項第1号、第3号】
②金属鉱物の海外における採掘・製錬事業に必要な資金について、JOGMEC の出資・債務保証業務の対象範囲を拡大【第11条第2項第3号】

出所：資源エネルギー庁「エネルギー供給強靭化法案について」2020年4月14日
https://www.meti.go.jp/shingikai/sankoshin/hoan_shohi/denryoku_anzen/pdf/022_02_00.pdf

妨げられる恐れもある。

またＦＩＴ、ＦＩＰ制度はドイツで成功したと言われているが、その前提は電力取引市場の透明性・公正性である。それが担保されていないと、このような支援制度を導入しても限界がある。

具体的には、再エネの拡大によって実施される「出力抑制」のような障害を取り除く必要がある。[12]九州電力ではすでに再エネの出力抑制が実施されたが、その要因として既存火力や原子力発電を優先する現状があげられている。

再エネの出力抑制を低減するには、送配電網容量、電力貯蔵容量などの精査が必要であり、出力抑制を最小化する施策を優先することが、再エネ主力電源化には必要となる。再エネ特措法では地域間連系線などの送電網等の増強費用を一部賦課金方式で支援する制度を創設するとしているが、長期的にはデジタル化を含めた電力システム全体の改革を進めていく必要がある。

これに関連するのが、強靭化法の2つ目の「電気事業法」の改正である。[13]ここでは、電力広域的運営推進機関（「推進機関」）に、広域系統整備計画（プッシュ型系統整備、電力会社からの要請ではなく広域系統側からの要請で整備する計画）の策定を義務付けた。電気事業者は、推進

(12) 飯田哲也「ＦＩＰ移行前に課題が山積み！　規制強化だけでなく再エネ導入のインセンティブを」*Solar Journal* ２０１９年10月４日　https://solarjournal.jp/sj-market/31644/

機関が作成した広域系統整備計画にもとづいて供給計画を策定することになる。

　再エネなど地域分散型エネルギーの電源普及に必要な連系網の強化、送電容量の拡大等につながるので、再エネ普及には不可欠といえる。しかし再エネの託送料金や発電側基本料金でも改善が必要だ。これまで、再エネの新設事業者に対し、基幹系統から枝分かれした「ローカル系統」と、変電所から発電所までの「電源線」の送配電網費用があり、多額の費用負担を求めてきた。

　今回の法改正は、基幹系統の整備については触れているものの、託送料金の改善については触れられていない。これに加え、電力・ガス取引監視等委員会制度設計専門会合において、送配電網の維持コストを新たに発電者側に課金する「発電側課金」制度の2023年導入が検討されている。このような料金制度の設定は、新規再エネ発電事業者の新たな負担となりうるので、公正な料金設定が求められる。

　強靱化法の3番目は、「独立行政法人石油天然ガス・金属鉱物資源機構（JOGMEC）法の改正」である。この改正は、有事の際、民間企業による発電用燃料の調達が困難な場合、電気事業法にもとづく経産相の要請の下、JOGMECによる調達を可能とするものである。電気事業における化石燃料、特に石炭依存度の低減に反するものでエネルギー供給強靱化法として一本化することに反対、との見解も出されている。[14] 強靱化法のこの部分の改正は、カーボンニュートラル達成とは別の目的になっており、違和感がある。

化石燃料について、エネルギー基本計画は、基本的には「次世代・高効率化、非効率な火力のフェードアウト」と、「脱炭素型の火力発電への置き換え」を明記している。

特に長期的に注目しなければいけないのは、「脱炭素型火力発電」として、アンモニア・水素等の脱炭素燃料の混焼、ＣＣＵＳ（炭素の回収・利用・貯留）／カーボンリサイクル等の開発が明記されていることだ。どの技術が本命かは不明だが、特にＣＣＵＳ／カーボンリサイクルの実用化目標は２０３０年とされている。

世界的に見ても、脱炭素型石炭火力は重要な位置づけがされている。国際エネルギー機関（ＩＥＡ）と国際通貨基金（ＩＭＦ）の報告によると、現在大量の$ＣＯ_2$（年間60万〜８００万トン）を回収する施設は21カ所、それぞれ専用の地層に貯蔵するか、石油増進回収（ＥＯＲ）に利用している、とされる。またＣＣＵＳプロジェクトも世界で約25のプロジェクトが開発段階

（13）安藤利昭「強靭かつ持続可能な電気供給体制の確立―強靭かつ持続可能な電気供給体制の確立を図るための電気事業法等の一部を改正する法律案―」『立法と調査』２０２０年5月No. 423、参議院常任委員会調査室・特別調査室　https://www.sangiin.go.jp/japanese/annai/chousa/rippou_chousa/backnumber/2020pdf/20200501017.pdf

（14）気候ネットワーク「『エネルギー供給強靭化法案』に対しての提言―3法案の1本化を止め、石炭開発推進の『ＪＯＧＭＥＣ法改正案』は廃案に」２０２０年4月30日　https://www.kikonet.org/wp/wp-content/uploads/2020/05/20200501_jogmec.pdf

図表3－8　グローバルなCO_2削減予測

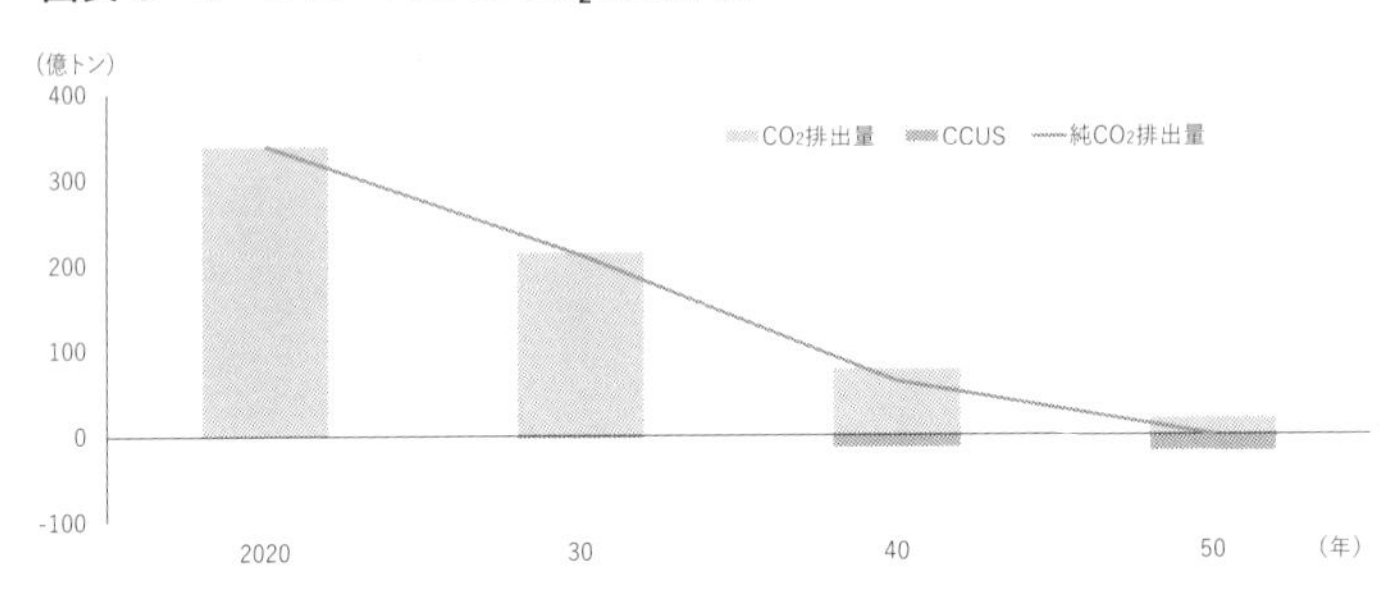

（出所）IEA "Net Zero by 2050: A Roadmap for the Global Energy Sector", 2021

にあり、三菱重工は世界最大のバイオマス発電所を持つ英電力会社のドラックス・グループにＣＯ２回収設備の技術を提供すると発表した。[15]

またＩＥＡが作成した、２０５０年の「ネット・ゼロ排出量」シナリオを見ると、ＣＯ２回収・貯留を伴ったバイオエネルギー（ＢＥＣＣＳ）及びＣＯ２の回収・貯留を伴った直接的空気回収（ＤＡＣＣＳ）による削減分が、２０５０年時点での化石燃料からのＣＯ２排出量を相殺するほどの規模になると予測している（図表３－８）。

こういった世界の動向から考えると、脱石炭を実現するためには何らかの形でＣＣＵＳの技術開発を進めておくことが必要であり、先のグループＣに当てはまる政策支援を

(15) 塩原俊彦「世界のＣＯ２回収・貯留（ＣＣＳ）政策から見た日本政府の決定的遅れ」『ウェブ論座』２０２１年８月23日
https://webronza.asahi.com/politics/articles/2021082000007.html?page=2

検討すべきだろう。

エネルギー政策、産業構造の変革と一体検討を

次に議論すべき政策として、需要側の政策が挙げられる。

需要側対策を考える場合、「エネルギー基本計画」では部門別の対策が列記されている。確かに部門別の対策は重要ではあるが、脱炭素社会を実現するのであれば、社会システムの変革を想定する必要がある。部門別の需要は、それぞれ相互に関係しているのであり、独立して扱うことだけでは限界がある。

例えば給湯システムを考えると、太陽熱温水器、ガス給湯器、電気給湯器の普及策が検討されてきている。しかし、需要側を考えれば、太陽熱温水器とガス給湯器の組み合わせ、それにマイコンコントロールがついた新しい「ソーラー・ガス・スマート給湯システム」が対象に挙がってくる。また、太陽電池や燃料電池に加え、電気自動車、スマートメーター、インターネットとの組み合わせも考えられる。このように、需要側のニーズによる複合的な脱炭素対策が考えられるのである。

さらに社会システム全体の改革を引き起こす大きな要素として考えられるのが、第2章で取り上げたDXのもたらす変革である。個々の産業の生産方法や製品の省エネではなく、DXによって特定の産業のビジネスがまったく変わってしまったり、大幅に縮小したり、生活スタイ

ルも一変することが考えられる。

実は、政府はすでに産業界と協力してＤＸによる社会変革を想定した“Society 5.0”を２０１７年の「新産業構造ビジョン」で打ち出している。ビジョンは経済産業省が中心に策定し、ＤＸ戦略に値する内容だが、なぜか、同じ経産省の資源エネルギー庁では、このビジョンをベースに、エネルギー関連の産業構造がどのように変化するのか、需給構造にどのように反映するのか、エネルギー政策面で検討された形跡はない。エネルギー基本計画を戦略レベルの水準に引き上げるのであれば、少なくとも経産省内で連携をとった検討が必要だろう。

エネルギー政策への信頼回復は急務

どのような政策を採用するにしても、国民の信頼が得られない限り、政策の円滑な遂行はおぼつかない。今回の「エネルギー基本計画」でも、最後の章に「国民各層とのコミュニケーションの充実」が挙げられている。ここで重要な項目として、「エネルギーに関する国民各層の理解促進」のなかで、次のような記述が注目される。

「国民が自らの関心に基づいて、適切に整理された情報を選択し活用できるよう、科学的知見やデータに基づいた客観的で多様な情報提供の体制を確立し、エネルギーに関する基礎用語、最新の動向やトピックなど政策に関連する情報をできる限りわかりやすく表現するよう継続的に努めていく必要がある。具体的には、資源エネルギー庁ホームページの

『スペシャルコンテンツ』やパンフレットなどの各種媒体を活用して、丁寧に発信していく。また、メディア、民間調査機関や非営利法人等に対する情報提供を積極的に行い、第三者が独自の視点に基づいて情報を整理し、国民に対してエネルギーに関する情報を様々な形で提供することで、国全体としてエネルギーに関する議論が広く行われる環境を整備していく」

この内容を見る限り、政府からの情報だけではなく、国民が自ら判断できるような、客観的な情報提供が行えるような環境が整備されていくことになる。実は、似たような表現は2014年、18年のエネルギー基本計画にも書かれているが、そのような環境が整備された気配はない。政府以外の情報発信に対して否定的な姿勢を示すこともある。国民の信頼を確保するためには、政府の情報に左右されることなく、自由で独立した情報提供を行う第三者機関などの仕組みが必要だろう。

第4章 制度——カーボンプライシング（CP）なくして脱炭素なし

石炭、石油、天然ガスを燃やし、排ガスとしてCO_2を空気中に放出する。電気や熱といった動力、エネルギーも得られるが、世界で気象災害が増えていく。ＩＰＣＣが強く懸念していることだ。そうした災害・損失を避けようと再生可能エネルギー利用が望まれる。しかし現実は、被害金額、経済損失は、災害被害者が泣き寝入りする形で負担してしまったり、再エネ利用拡大に必要なコストを消費者が主に負担したりしている。

実は化石燃料を使う人は、他人に対し、迷惑などを掛け、あるいは支出を強いている（**外部不経済**）し、経済的にも効率的ではない。環境という、経済に欠かせない資源が余分に浪費されてしまうからである。

このような事態を是正すべく登場したのが、カーボンプライシング（ＣＰ）だ。化石燃料（炭素）使用に伴う正しい対価の支払いを実現しようとの政策である。本章では、その様々な仕組み、意義や効果、そして、日本でこれを活用していくためにこれからたどるべき経路などを検討する。

価格メカニズムの有効性とほころび――市場の失敗

ＣＰの大本の発想は、第二次世界大戦前にさかのぼる。戦前の英国の著名で優秀な経済学者アーサー・セシル・ピグーが提唱した「ピグー税」という考え方にある。ピグーは価格メカニズムを信奉していたがゆえに、貧困などの様々な社会問題は価格メカニズムをうまく使うことで解決できないか考えていた。以下では、その発想と、その趣旨で考えられた、いくつかの経済的な環境政策手段を見てみよう。

価格メカニズムは大変に便利な効率的な仕組みである。

ある財貨に関し、市場で何かの原因で需要が増えれば価格が高まり、その財貨を最も有効に活用できる人の需要から順に埋められていく。他方で、市場の価格は、その価格で利潤を出せる生産者の製品が売れることを保証し、その価格では生産できない非効率な生産者の生産を妨げる。しかし価格が高まれば、生産者に生産拡大の動機付けを与え、他の生産者も参入できるようになり、生産が増え、市場で約定される価格や数量（均衡水準）は違ったものとなる。生産に必要な資源は最も効率的に動員され、他方でその財貨は、最も効率的に活用される。

この仕組みは、トライ・アンド・エラーで最適な価格や数量を決めるもので、もちろんロスがあり、取引コストはかかる。しかし何千万という種類の財・サービスについて、結果的に社会全体として効率的に使われることになる価格や数量を、計算機でその都度その都度計算していくことはとてもできない以上、実務的にはベストの仕組みと言えよう。

けれども、価格メカニズムが資源や製品の配分を効率的に行えないケースが知られている。「市場の失敗」である。例えば、市場独占の場合である。

独占企業は、競争する企業がおらず、自らの財・サービスに均衡水準より高い価格をつけることができる。その結果、財・サービスが安ければより多くの数量を経済全体としては提供され、消費者の利得が増えたはずのところ「十分に提供されない」という非効率が起きる。独占的な生産者は、価格競争に臨む必要がないので、生産技術は進歩せず、資源をより効率的に活用せずに生産する非効率が温存されてしまう。市場が機能しているときの均衡価格に比べて高い独占価格で、財・サービスが供給されると、経済は非効率になる。

他方、価格が不当に低くても経済的な非効率、損失が生じる。その典型は「公害」だ。公害は、汚染物質が十分に処理されず人々の生活空間に流れ出て、健康被害や農作物、水産物などの生態系上の被害を発生させる現象である。

被害が出ないよう本来は工場でコスト負担し、汚染物質の除去を十分にしておかなければならない。それを怠って操業している以上、その会社の生産物は見かけ上安価になり、その分多く売れる。社会全体では、環境がゴミ捨て場に使われ、価値が毀損される一方、その生産に使われる資源も余分に消費される。この財・サービスの生産を減らし、要らなくなった資源や資

図表 4−1　税による社会的費用加算のイメージ

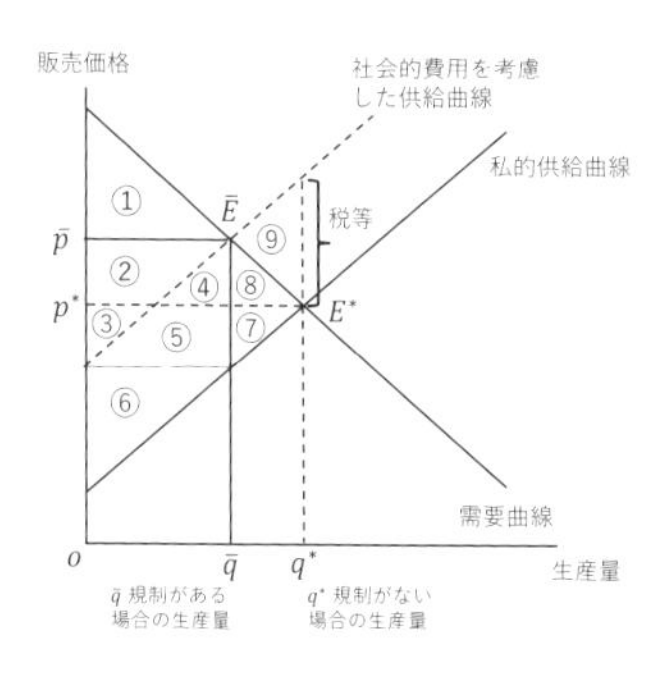

社会的費用を考慮しない場合の総余剰

発生する余剰や費用		通算の総余剰
消費者余剰	①+②+④+⑧	①+②+④+⑧
生産者余剰	③+⑤+⑥+⑦	①+②+③+④+⑤+⑥+⑦+⑧
公害などの社会的費用（マイナス）	④+⑤+⑥+⑦+⑧+⑨	①+②+③−⑨
総余剰		①+②+③−⑨

社会的費用を考慮した場合の総余剰

発生する余剰や費用		通算の総余剰
消費者余剰	①	①
生産者余剰	②+③+④+⑤+⑥	①+②+③+④+⑤+⑥
生産者の環境税の支払い	−②−③−④−⑤	①+⑥
公害などの社会的費用（マイナス）	④+⑤+⑥	①−④−⑤
環境税による公害の改善	②+③+④+⑤	①+②+③
総余剰		①+②+③

金を別の投資や消費に回した方が、社会全体としては好ましい。

ピグーのアイデア

ピグーの発想は、汚染物質の1単位の追加的な排出で、被害者などに発生する被害（他者が損失を被ることを費用に見立てて、「社会的費用」という）額を、生産者の支払っている費用（「私的費用」という）に加算することにしたらどうか、ということである。こうすると、生産物について市場で成立する価格や数量は、より高価格で、それゆえ少ない数量となる。価格が需要に与える価格効果を活用しようというわけだ。

図表4−1から分かるように、社会全体が負担する費用、そして生産者が私的に負担する費用は、その合計において最小化されることになる。

こうした加算は強制しないと実現しないので、税として加算するというのが、環境税の発想である。

賦課金額 ＝（1）過去分賦課金額 ＋（2）現在分賦課金額
（1）過去分賦課金額＝1982年から86年までのSOx累積換算量×過去分賦課料率
（2）現在分賦課金額＝前年のSOx排出量×現在分賦課料率
（資料）環境再生保全機構ホームページ

環境税の政策としての実際の具体例はあるのだろうか。実は、似たような政策例は日本にもある。汚染負荷量賦課金である。これは、健康被害を補償するもので、大気汚染状況が大きく改善した1988年に新たな患者認定は行われなくなったが、最終時期の計算式は上記の通りである。工場ごとの硫黄酸化物（SOx）や窒素酸化物（NOx）の排出量に料率を掛けた額の支払いをしないとならない仕組みである。

この料率は、社会的費用のなかでも測定が比較的はっきりできる健康被害の補償に係る費用を、この賦課金の収入によって賄うことができるように決められていた。環境行政的には、あるいは法制度的には、被害の賠償の原資を集める仕組みであるが、経済学的には、環境税の一種であった。ただし、念のために言えば、財政学的には名前が違うことに見られるように、国税徴収法によって強制徴収されるものではないので、そもそも税ではない。しかし、ピグーの考えに日本では最も近い行政実例であろう。保守的な日本で、環境税を税として正面から制度化しようとしていたら、議論は終わらずにいたであろう。公的な賠償制度の原資の徴収制度として構成したことは正解であったと思う。

効果はどうであったのだろうか。汚染削減量全体の30〜70％程度が賦課金の効果の可能性がある。[1] 各工場の排出量の削減には大気汚染防止法による規制がもちろん奏功しているが、法規制で要請される排出量の下限を下回って排出を急激に削減したことが分かっている。負荷量賦課金の支払いを節約する動機によるものであった。

１９７０年代前半には、NO_2に関する環境基準などは「果たしていつになったら達成できるのか」と環境行政に携わる官僚は考えていた。それが今や、『環境白書』を参照してみても、SO_2やNO_2の全国の環境濃度の経年推移グラフはどこにもない。基準達成は当然となっている。大気汚染の社会的費用は消失した。

環境税の効率性はなぜ発揮されるのか？　各企業の立場から見て有利な点があるからだ。直接的な規制の場合は、生産現場の事情を承知していない政府が特定の排出水準を決めたり、対策技術を強要したりする。環境税の場合は、排出量を減らしていくうえでいろいろな技術代替案があるなかで、最も安いオプションを企業が選べるうえ、排出する汚染物質の量に課される環境税額と、削減費用を合計し、総額の支払額を最小にすることができる。

言い換えれば、環境税を払えば今のままの操業でもよいわけで、特定の排出削減率を強制されない。社会全体を見ても、それぞれの企業が費用を最小化する以上、社会全体の対策費用の合計を自動的に最小化する。ピグーの慧眼のとおりである。

（１）　井村秀文「汚染負荷量賦課金の効果」『環境科学会誌』1(2):115-125(1988)

税以外の経済的な政策手段

環境税には、利点がある一方、難点もある。税制度という、国家権力の強い発動とセットになった仕組みに組み込むといった政治的な課題が、前述のとおり存在しているほか、経済学的にも、実務的にも難しい課題がある。それは社会的費用とのリンクである。社会的費用は正直なところ、正確に計測できるものではない。さらに税率は明示されているが、企業がその税率の下でどのくらいの削減をするかも、推計が難しい。

①ボーモル・オーツの税

環境税を実務的に導入する場合の考え方は、ボーモル・オーツの税という考え方に依っている。ちなみに、ボーモルもオーツも経済学者の名前である。汚染に伴う社会的な費用がどのような汚染水準でいくらになるか、といったことが分からなくとも、汚染物質の排出量を国全体で何トンにしようと目標を決めておいたうえで、環境税を汚染行為に対して課し、その結果の排出量が目標の排出量を上回れば、税率を逐次的に高めていき、排出量に関する目標を達成すればよい、という考え方である。

②排出枠の取引

環境税の持つ結果としての削減効果が定かでないという欠点を克服するもう一つの考え方がある。それは、排出量の許容枠を決めてしまおう、というものである。実務的には、個々の汚染者に排出枠を配分し、それを汚染者の間で取り引きすることになる。排出量取引制度と呼ばれている。

この仕組みは、環境分野でなく、むしろ漁撈（ぎょろう）といった自然物の採取の制限、あるいは軍縮時の軍備の制限などで昔から採用されてきたクオータ制を環境分野で採用したものである。初出は米国で、ジョージ・H・W・ブッシュ大統領時代にカナダなどへの酸性雨の越境汚染を起こしていた硫黄酸化物の排出を減らすために1990年代前半に導入された。現在、EUでは温室効果ガスについて排出量取引制度を導入、価格メカニズムを温室効果ガス削減策の柱の一つにしている。

経済政策でも、その介入のターゲットから大別すると、価格支持をしたり上限価格を決めたりする価格政策と、数量に制限を掛ける数量政策とがあるが、環境政策でも同様なのである。

もう少し実務を見よう。個々の工場は、排出枠の配分を受けるが、対策不十分でその排出枠では足らなかった場合、枠より過剰に削減した工場から、余分の排出枠を買い受けて自分の排出枠としてよい、場合によっては、非達成部分について課徴金を支払うオプションもある、といったフレキシブルな制度として構成されている。

この排出枠の取引制度の利点は、決められた排出量になるための社会全体の支払額は最小となることにある。安い費用で排出量を削れる工場が排出枠の権利を売却できるため、より多く排出削減してくれるからである（図表4-2）。

図表 4－2　排出量取引制度のイメージ

▼排出量取引制度とは、政府により排出量に関し、上限（キャップ）が設定され、制度対象となる排出主体が、必要に応じて、市場で排出枠を取引する制度。取引の結果として、炭素価格が決まる
▼それぞれの排出主体は、自身の排出削減コストに応じて、①自身で排出削減を行う、②余剰排出枠を保有する他の制度対象者から排出枠を購入する、または③制度によっては、オフセットクレジットを活用する等の対応が可能

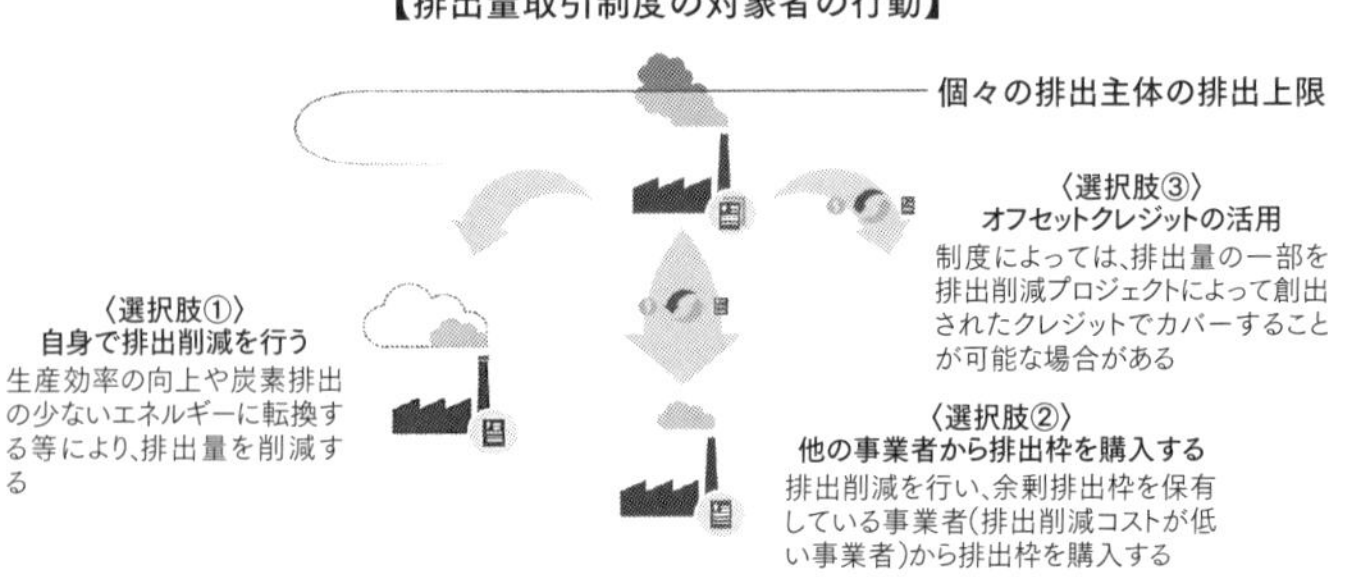

（図の出典）ICAP（2015）「What is Emissions Trading?」をもとに環境省作成
（出典）Field（1997）「Environmental Economics: An Introduction, Second Edition」、ICAP（2015）「What is Emissions Trading?」等をもとに環境省作成

（資料）中央環境審議会カーボンプライシングの活用に関する小委員会（第14回）

社会全体の排出総量は確実に制限されるうえ、費用は最小化されるという利点は魅力的だが、排出量取引にも弱点がある。それは、売り出される余剰排出枠の価格があらかじめ分からないので、企業は、様々な経費支出の執行計画を立てにくくなってしまう点にある。

排出枠を個々の企業にどう配分するのがいいのか、という点に関しては、いろいろな考え方があるので、例えば、産業政策の名の下でビジネスへの政府の恣意的な干渉を生むかもしれない。行政の介入を避けるために、配分は政府によっては行わず、排出枠の総量全体をオークションにかけるという過激な意見もある。

③ピグー（コース）の補助金

排出に課税をし、あるいは、排出枠を有料化することにより、経済合理的に排出量を減らすことができることは以上に見たとおりであるが、逆に、排出を止めることへ補助金を出す、具体的に言えば、削減した量に応じて報奨金を出すといった仕組みも、排出量を減らすには有効である。ピグーもその指摘をしていたし、後世の米国の経済学者コースも同様の主張を行っている。

その合理性とは、削減してもらえる報奨金の額より実際に削減に掛かる費用が安い限りは、企業は儲かるので削減を行うことにある。そして、安くたくさん削れる企業がたくさんの削減量を担ってくれる形で、社会全体の削減費用は最小になる。これも経済効率性の高い政策手段である。

問題点は、その報奨金の原資をどこに求めるかで、社会の公正を大いに損ねる可能性があることにある。例えば国民が払う所得税を原資にしてこの報奨金を払うと、鳥瞰的に見れば、国民がお金を出し合って汚染企業に「おカネ」を贈り、加害行為を止めていただく、と公正とは言い難い構図になる。本来、退場すべきビジネスが生き残る点で経済的にも非効率だ。しかし、単なる補助金とは効率性に大きな違いがあり、原資に工夫があれば、効果と効率性が期待される政策手段である。

世界のCP活用状況、最近の動向

ＣＰで実績を上げているのは、主に欧州諸国である。欧州大陸のＥＵ加盟国で採用されている仕組みを概観してみよう。ドイツやフランスなどでは、地球温暖化対策を理由とした2つの経済的手段が既に導入されている。その一つは、化石燃料への重い課税であり、もう一つは、製造業の施設ごとの排出枠設定と余った排出枠の市場取引である。

①炭素税――欧州は高い課税水準

地球温暖化対策へ税制を活用することは環境に熱心な北欧諸国が先鞭をつけたが、１９９０年代後半から２０００年代初頭にかけては、ドイツ、フランス、英国といった大国がこの税制措置を導入するようになった（図表4-3）。

これら3カ国のなかでも、ずばり炭素税の名前を使っているのはフランス。同国では、それまで掛けられていた燃料消費税を切り分けて、炭素比例の炭素税部分を、CO_2の1トン当たり7ユーロだけ設けた。ちなみに同じように小さな炭素比例税として導入された日本の地球温暖化対策税に比べ、誕生時点でも、3倍ほど高かった。先輩の北欧に比べると低い課税だったが、逐年的に税率を上げ、30年に１００ユーロ／t-CO_2とする方針だった。しかし、「黄色いベスト運動」の混乱が生じ、18年以来44・6ユーロの水準に据え置かれている。この税率は、例えばガソリンであれば、1ℓ当たり13・6円（1ユーロ＝１２９円）に当たる。炭素税の価

図表4−3　欧州諸国の炭素税

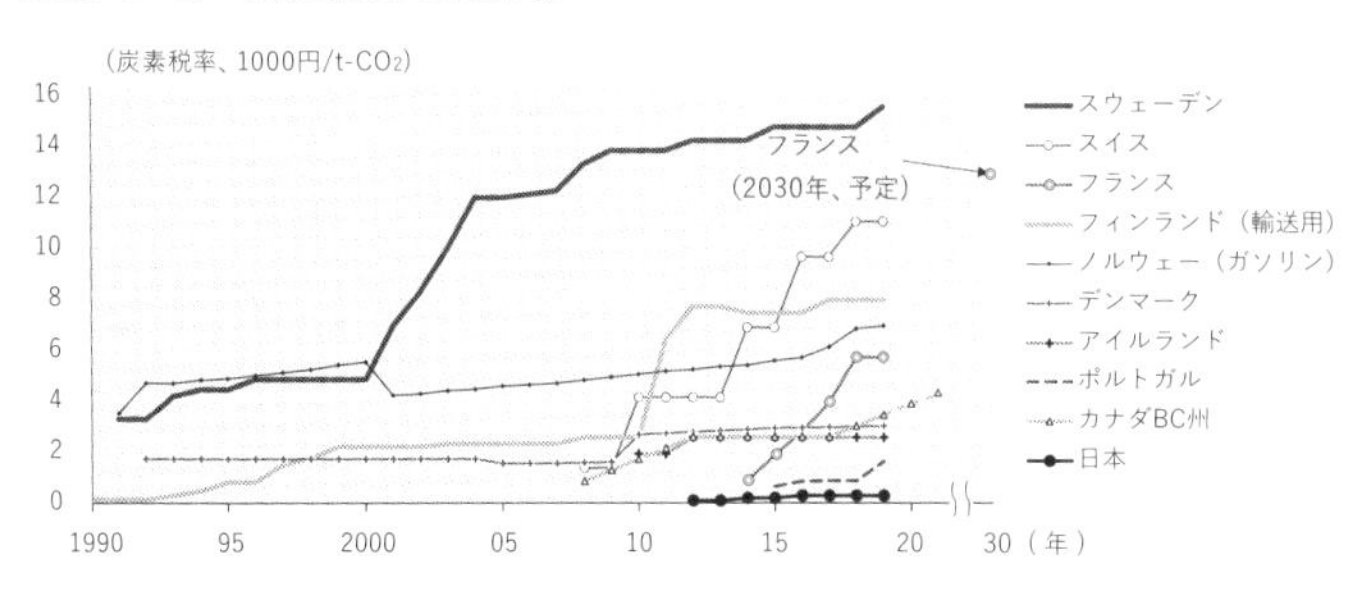

（資料）カーボンプライシング小委（第13回）、みずほ情報総研作成

格効果によるCO_2排出量の削減は、OECDによれば、同国の5％分になるという。[2]

税制については、EUといえども加盟国に主権が認められている。同じ地球温暖化対策としての化石燃料への課税であっても税率はもちろん、課税対象、納税義務者などの税制を見るうえで重要な要素には、各国間の違いがある。以下では、可能なオプションを見てみよう。

学説上は、実際に汚染物質を大気中に捨てる汚染当事者に対して課税することが、汚染回避の行動の選択肢があるうえ、痛税感も伴い、汚染回避行動を取らせやすい利点がある、とされている（下流課税）。

他方で、CO_2の場合は、燃料種別の炭素含有率と燃料の消費量が分かればその量が分かるうえ、誰が出そうと大気中のCO_2量は結局のところ排出総量に依存する。化石

（2）　https://oecdecoscope.blog/2020/02/04/carbon-tax-emissions-reduction-and-employment-some-evidence-from-france/

燃料のライフサイクルの最上流、すなわち燃料製造者を納税義務者として、税の負担を後転させていけばよい、という考え方もある（上流課税）。納税義務者が限られ徴税事務が簡素になり、個々の汚染当事者からの徴収より徴税コストを引き下げられる。

様々な税制設計上の論点があるが、納税義務者は、税率と並んで最も大きな論点の一つである。ちなみに、実際の排出者に課税している例には、英国のケース（名称は税ではなく、カーボンプライス・フロアという最低限必要な炭素価格を実現するための価格上乗せの仕組み。発電用燃料の消費が対象）と、カナダのブリティッシュ・コロンビア州の炭素税のケースがあり、欧州では、一層上流の、燃料生産事業者や燃料供給事業者に課税している例が多い。

最大の論点は、税収の使途であろう。フランスの炭素税の税収は、2019年の推計で82億ユーロ（約1兆円強）となっていて、この税収は、同国の一般財源となっているが、一部は、輸送関係のインフラ整備や、再生可能エネルギー起源の電力を普及させるために必要なインフラ整備などに投じられている。

炭素税は、価格効果を通じてCO_2を減らすが、同時に、国家には歳入をもたらし、その歳入の充当先によっては様々に異なる経済刺激効果を生む。このような現象は、二重の配当(double dividend）と呼ばれている。

スウェーデンやスイスでは、労働税、低所得者の所得税、基礎医療保険の保険料率などの引き下げが行われた。温暖化対策を狙った化石燃料課税強化ではあるが、炭素含有量比例ではな

図表4－4　炭素税と排出量取引の導入経緯

導入年	国	制　度
1990年	フィンランド	★炭素税
1991年	スウェーデン	★炭素税
2005年	EU	欧州排出量取引制度（EU-ETS）
2008年	ニュージーランド	ニュージーランド排出量取引制度（NZ-ETS）
2009年	米国	北東部9州、排出量取引制度
2010年	英国	英国CRCエネルギー効率化制度
2010年	東京都	排出量取引制度
2011年	埼玉県	排出量取引制度
2012年	日本	★地球温暖化のための税
2013年	米国	カリフォルニア州、排出量取引制度
2013年	中国	北京市、中国排出量取引制度（パイロット）
2013年	日本	Jクレジット
2013年	日本	JCM
2015年	韓国	排出量取引制度
2016年	オーストラリア	豪州温室効果ガス排出削減基金制度のセーフガード措置
2017年	中国	排出量取引制度（全国、2021年開始）
2018年	カナダ	★連邦カーボンプライシング
2018年	日本	非化石価値取引

炭素税導入国（50音順）	
アイスランド	チリ
アイルランド	デンマーク
アルゼンチン	日本
イギリス	ノルウェー
ウクライナ	フィンランド
エストニア	フランス
オランダ	ポーランド
カナダ	ポルトガル
コロンビア	南アフリカ
スイス	メキシコ
スウェーデン	ラトビア
スペイン	リヒテンシュタイン
スロベニア	ルクセンブルク

（出所）環境省「諸外国における排出量取引の実施・検討状況」2016年6月、カーボンプライシングの活用に関する小委員会資料（第17回）2021年7月、The World Bank "State and Trends of Carbon Pricing 2021" より作成

いので炭素税の例ではないものの、ドイツは１９９４年に鉱油税改革という大規模な税制改革を行い、事実上の環境税を導入した。それに伴って増加した連邦歳入は、雇用保険の企業負担額の減額など、雇用の拡充に政策的に充当された。

大局的に見ると、ドイツは、化石燃料を使って稼ぐ経済から、より高度な製品・サービスを生み出す「頭脳」で稼ぐ経済への転身を意図的に進めたと見ることができる。

炭素税制の意味するところを、課税の哲学のように見立てると、「Bads課税、Goods減税」という表現もできる。

自然環境は、CO_2というゴミの捨て場として無料使いされ、汚染を進める産業が過大になっている。ここで損失となっている社会的な費用を減らす、という意味で、

炭素税はマクロ経済的な効率性を高める、良い経済政策手段であるうえ、さらに、そのことが、雇用政策あるいは企業の減税政策、福祉政策などへ活用できる歳入を生む。

欧州の大国がこのような政策パッケージを既に実施していることは、合理的であると思われる。合理的な政策を採用しない国は生産性を低下させ、国際競争を不利にしてしまう可能性がある。環境政策の設計は、今や経済政策の設計でもある。

炭素税など、地球温暖化を防止するために税制措置を活用している国々は、図表4－4に示すように、既に相当数に及んでいる。税制は国民が決める、というのが民主国家の議会ができた理由である。増税は、したがって政治的に剣呑なテーマではある。

しかし、あのトランプ政権下でも、米国の連邦議会には、何度も、共和党、民主党の超党派議員の起草で、炭素に税をかけ、その税収を全額家計に還流させるという法案が提出されていた。米国では、増税は禁句と言えるが、それでも、貧富の格差改善など税制に手を加えなければならない政策課題は山積している。炭素税は、米国においてすら決してリアリティのない話ではないのではないだろうか。

②温室効果ガスの排出量取引──ＥＵの炭素価格は６０００円を超えて上昇

地球温暖化対策を目的とした排出量取引制度の代表例は、ＥＵの排出量取引（ＥＵ－ＥＴＳ、ＥＴＳは Emissions Trading System）だ。ＥＵでは、２００５年から同取引を開始した。以来４つのフェーズに分けて目標の排出総量を徐々に削減してきた。現在は、２０２１年から30年までの第4フェーズ。ここでは05年の制度開始時点に比べ、30年に排出総量を43％削減するとの内容になっている。

排出枠の対象は、CO_2を実際に排出する大規模な燃焼施設である。なお、ここで言う排出量は、正確には、CO_2のみでなく、メタンや一酸化二窒素などの他の温室効果ガスも算入されている。

排出枠を遵守しないとならない施設は、具体的には、発電ボイラー、高炉、セメントキルンなどであって、熱を使う量が2万kW（キロワット）を超えるもの（ガス焚きのボイラーであれば、約2万トン／年程度の排出量以上の施設）と航空会社である。EU全体では約1万2000施設と500以上の航空会社が排出枠を課されており、排出量の合計は、EU排出総量の約40％をカバーしているとのことである。

これらの施設へ与えられる個々の排出枠については、当初は、過去の排出実績に比例した無償割り当てが行われていたが、現在では、原則オークションで販売されるようになっている。希少なCO_2排出枠を活用し、稼げる会社が枠を獲得する仕組みであることを意味する。ただし、域外諸国との国際競争にさらされている業種（航空会社を含む）の企業が持つ設備の排出枠は、ベンチマーク方式で無償割り当てされている。

ベンチマーク方式とは、このような燃焼施設であれば、このくらいのCO_2は排出するであろうという、いわば標準値を設定し、さらに期待される削減率を乗じて排出枠とする、といったような形式である。このような無償割り当ての排出量合計は、目標排出総量のおよそ4割前後になっていると推計されている。

オークションの場合には、排出枠の売り上げ代金が、ちょうど炭素税収と同じように政府の収入になる。この使い方でいろいろな政策目的達成に貢献ができる、前述の二重の配当を設計することができる。オークション収入はどう使われているのだろうか。

EUは、排出枠のオークションを行う加盟国に対して、収入の半分は地球温暖化対策や再生可能エネルギーなどの環境・エネルギー政策に使うことを義務付けている。残り半分の配分は、各国の裁量に委ねている。実際には、収入の相当部分が、電力消費の支払額の補填に使われているようだ。

オークションの支払いが料金に転嫁されて電力価格が上がるが、それに伴う激変緩和策として、電力を多消費せざるを得ない業種（化学、パルプ、金属など）の企業の負担増を75％程度軽減するイメージである。ただし、この補填の割合や補填対象業種は、徐々に縮小されている模様である。またCCS（CO_2の回収・貯留）などの各種の環境新技術の商業化支援などにも使われている。

大規模な燃焼施設からの排出総量を25年かけて43％削減するのが、EUの排出量取引の効果と言えるが、そのための費用を市場取引される排出枠価格で見てみると、2020年から21年のトレンドでは上昇傾向であり、CO_2の排出価格は50ユーロ程度（約6000円）と結果的になっている。ちなみに、この価格は、炭素税について説明したフランスでの税率とほぼ同水準か、やや高くなっている。

では、炭素廃棄に伴う支払額の今後の見通しはどうだろうか。国際エネルギー機関（IEA）の2020年の報告書によると、1.5℃目標より緩い2.0℃目標と整合性のある支払額は2040年で140ドル／t-CO_2であり、水素還元製鉄や合成航空燃料などの革新的な技術が従来型の製鉄法や化石燃料に負けない採算性を持つには、150ドル程度（約1万6000円）が必要になると予想している。

現状の排出枠の価格は、日本の地球温暖化対策税の水準よりはるかに高いが、将来に関して言うと、例えば、日本経済研究センターの将来予測に用いた炭素価格（第1章参照）を見れば内外の価格はかなり接近することになろう。

欧州以外にも排出量取引を既に採用しているのは、中国と韓国。また国の一部で導入している例には、米国の北東部諸州、カリフォルニア州、東京都と埼玉県がある。

経済的政策手段、直接規制のポリシーミックス

実際に、炭素税や排出量取引といった経済的政策手段を導入して、経済効率性の高い温暖化対策の実現に腐心している国々では、両者をどう組み合わせ棲み分けて使っているのだろうか。

EUでは、課税は加盟国の主権マターであって、種々の税目に最低税率は設けられているが、

税制の設計は、それぞれの国が行う。他方で、排出量取引ではＥＵ全体（正確には、スイスなどの非加盟国を加えた30ヵ国）をカバーした排出枠売買の大きな共通市場がある。したがって、両手段の組み合わせ方は、税との関係で国によって若干の差が生じている。

例えば、スウェーデンの場合は、排出枠を遵守しなければならない企業は、炭素税は免税となる。消費した燃料の購入費に含まれる炭素税額の還付を申告して、免税を受ける。ドイツにおいても、排出枠を持つ大規模な発電設備については鉱油税が免税となる。他方、フランスでは、排出枠の遵守が必要な企業でも、免税とはならず、しかし税率の軽減措置を受けられることとなっている。

総じてみると、大規模な排出量の比較的少数の設備が排出量取引の対象となっていて、それ以外の中小規模の排出者に対する削減インセンティブは炭素税などの税制上の措置によって与えられていると言えよう。

地球温暖化対策の政策手段は、今まで見てきた炭素税など経済的措置に限られるわけではない。CO_2のように悪影響が排出総量によって決まる汚染物質には、経済的政策手段はなじみが良いが、直截な規制手段を講じていけないわけではもちろんない。

例えば、自動車、家電製品のような大量生産品は、当初の仕様によってCO_2の排出量が決まってしまうので、性能規制を生産時や販売時に掛けてしまうことは効果的である。また住宅やビルなどでも、追加的な断熱工事やリノベーションは行えるものの、最初の建築設計・仕様によって排出量が大きく左右される。建築物については、建築許可時点で一定の断熱性能を確保するよう規制するのが適切である。

　こうした対象ごとに適切な政策手段は選ばれるべきであるが、経済的手段を適用する場合でも、自動車や家電の場合と同様、大きな燃焼設備の場合などでは、技術的な改良の余地が乏しいがために、高額の炭素税を課しても追加的な排出削減を引き出せないケースもあると考えられる。こうしたケースには、炭素税より総量を規制した排出量取引の方が向いていると考えられる（図表4−5）。

　ただし、単なる排出量制約の場合、環境ビジネスの伸長があっても、社会の被る負担のうち、家庭の負担の割合が企業より大きくなり、家庭などでの環境対策への取り組みが遅れる可能性もある。家庭などでの環境対策の促進のための補助、さらには、脱炭素社会資本づくりや技術開発などのため、排出量の数量規制と低率環境税との併用により、貴重な、そして正当な対策原資を生むことができよう（図表4−5〈b〉）。

　さらに、企業経営の立場からすると長期的な設備償却計画、逆に言えば投資計画が立てられることが重要である。各種の設備の環境性能のアップには研究開発が必要で時間も掛かろう。その意味では、CPにせよ、自動車の燃費・排出規制にせよ、政策当局が長期的なスケジュールを明示することが特に重要と思われる。

図表4−5　削減割り当てと炭素税のポリシーミックス

(a) 炭素税による排出規制

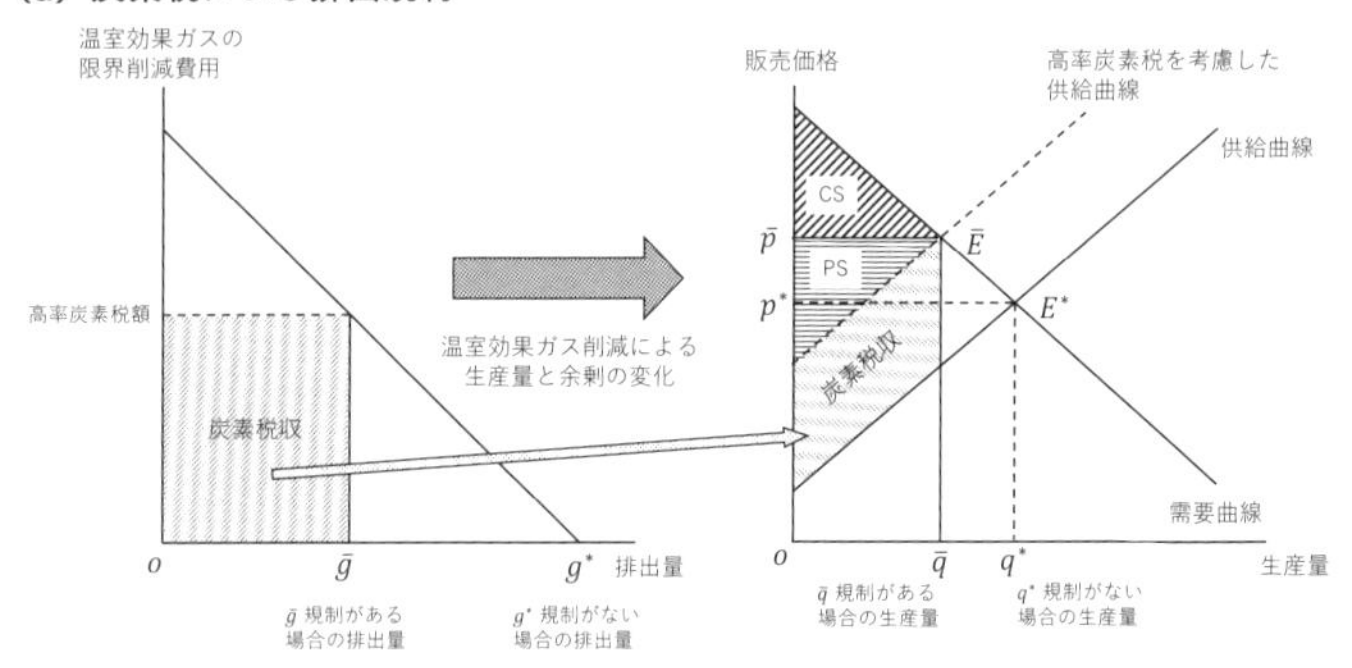

(b) 削減割り当てと炭素税のポリシーミックス

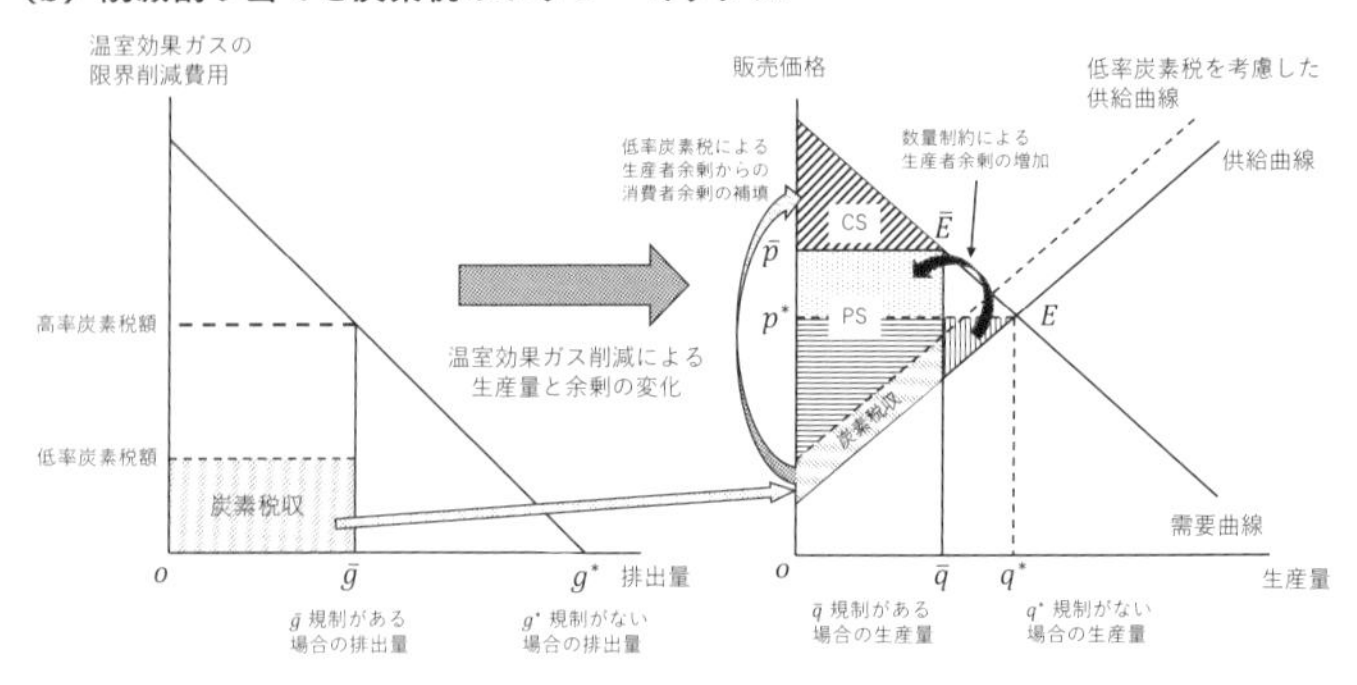

（注）CS は消費者余剰、PS は生産者余剰を表す

(a)は、高率の炭素税により企業のコストを引き上げ、供給曲線をシフトさせることで社会的に望ましい温室効果ガスの削減を達成している

(b)は、削減割り当てにより排出量を望ましい水準まで削減しているが、産業全体に対して温室効果ガス削減の規制を掛けると、財の生産量の低下、販売価格の上昇により、消費者余剰だけが減少し、企業の利潤（生産者余剰）が増加する可能性がある。この場合、低率炭素税を掛けることで供給曲線を上方にシフトし企業の利益を圧縮し、得られた炭素税を消費者余剰の減少分の補填や、二重の配当の原資とすることが可能となる

（出所）日本経済研究センター落合勝昭作成

国際的に見て跛行的な温暖化対策の進捗と国境税調整の動き

日本でのCPの現状や課題、そして今後を展望する前に検討しておく必要があるのが、温暖化対策の観点からの国境税調整の動きである。

国境税調整とは、輸出する製品そのものやその原材料に国内で課されていた消費税などを輸出の際に申告に応じて還付する、あるいは逆に輸入の場合に、その価格及び関税額の合計を課税標準として国内製品と同等の消費税を課する、といった行政行為であり、日本でも日常行われている。

GATT／WTOのルールでは、輸出入される製品に内外無差別の内国税を課したり戻したりすることは認められており、各国の国内市場で内外産品平等の競争条件が整えられることになる。

そこで欧州のCPについて、輸出品に戻し税をしたり、輸入品に欧州諸国での炭素価格を下回る部分に見合う価格を課税したりといったことをするべきではないか、という議論が出てくることになった。

こうすることができれば、例えば、欧州の産業が高い環境利用料を負担しながら製造した製品が、高い環境使用料を課されない国で生産された製品と価格面で負けることがなくなっていく。そうすることにより、欧州の産業にとって国際競争力を維持できることはもとより、欧州域内から産業が域外のＣＰの緩い国へと移ってしまって、かえって世界のCO_2排出量を増やしてしまうといった事態（カーボン・リーケージと言われている）も避けられることになる。

現実の世界では、地球温暖化対策を強力に進める国がある一方、それほど熱心ではない国も多数あって、政策の進捗は国際的には跛行が見られる。カーボン・リーケージへの対処は、切実な問題となっている。

そもそも、大きな地球の環境保全をするための努力を一国、あるいは一地域が背負いきれるものでないが、そうしたことに先駆的に取り組む国や地域のリーダーシップは重要である。その意味で、行く行くは、世界共通炭素税とか世界共通排出量取引などが望ましいにしても、一つのステップとして、国境炭素税調整のようなものがあって良いように思われる。

しかし一方、同じくＧＡＴＴ／ＷＴＯのルールでは、外国製品の性能・仕様が内国製品に求められる性能・仕様を満たさないときの差別的な扱いは認められているものの、性能・仕様が同等であるのに、製造段階での製法の違いなど製品の性質には係わらない違いを理由に差別的な扱いをすることは禁じられている。

炭素利用に伴う社会費用分を支払わずに生産された輸入製品に、その製品を国内で生産したとしたら負担していたであろう価額を徴収することは、果たして、この禁じられた措置に当たるのか、それとも、前に見た許される例に当たるのだろうか。

かねていろいろの解釈があり、また、ＷＴＯの紛争調整プロセスで判断を得た類似点のあるケース（米国での、イルカ混獲の可能性のある流し網で採ったマグロの缶詰輸入規制、あるいは、化学物質税やフロン税の輸入品への課税のケース）も少しは出てきているが、CPについてずばりの結論が既に得られているわけではない。

ところが、ここへ来て、炭素価格支払いの国境税調整がにわかに現実味を帯びてきた。背景には2つの動きがある。

一つは、EUの欧州委員会が、2021年7月、炭素国境調整措置（Carbon Border Adjustment Mechanism、CBAM）の規則案の内容を決定し、23年から適用を開始することに向けた手続きが最終コーナーに差し掛かったことである。

セメント、鉄鋼、アルミ、肥料など炭素集約度の高い製品を輸入する場合、製造国がEU-ETSに完全に合致する排出量取引を導入しているのでなければこの規則が適用されて、欧州域内製造産品と同等の炭素利用価格（製造国で支払った額は控除）を国境調整として課される（輸出品は逆に戻しの調整を受ける）ことになる。

2023年からは、まずは、製造時のCO_2排出量などの申告が義務付けられ、26年からは、ようやく実際の金銭的な調整措置が発動されることになるが、これら産品のEUへの輸出国（主に中国や韓国）にとっては、調整措置を甘受するか、国内でEU同等の炭素価格を実現するか、いずれにせよ大きなインパクトを与えよう。

ちなみに、EUから見ると日本はこれら産品の輸出国としては小さなシェアであるが、数量が少ないとはいえ、市場を諦めるか、日本国内の炭素価格を上げるか、踏み絵を迫られる点は同じである。

もう一つの動きは、米国発である。バイデン大統領、そして民主党の大統領選挙公約には、十分な環境対策を行っていない国から炭素集約的な産品を輸入する場合には炭素国境調整のため、料金あるいは割り当て金を課する政策を導入することが、謳われていた。当選後のバイデン大統領は、さっそくEUの炭素調整メカニズムとの協調を模索し出したのである。

欧州市場、そして米国市場が、炭素価格の国境調整に乗り出せば、世界の工場となっている中日韓、そしてベトナム、インドといったアジアの国々の環境政策に激甚な影響が生じるのは間違いない。時代は急速に動き出した。

世界共通のCP、最も効率的な削減策

日本がEUの動きに合わせて国境炭素税を導入しようとすると、どうなるのか？　温暖化対策を十分に実施していない諸国からの輸入品には、地球温暖化対策税で課税している289円／t-CO_2の課税となる。EUはEU-ETSの5000円を課税できる可能性が高いが、289円以上を日本が課税すると不公正な貿易措置とされる恐れがある。

そこで国境炭素税を先進国で足並みを揃えて実現した場合の試算をしてみた。日米欧が本格的に炭素税を導入し、国境炭素税を実現した場合、さらに世界中で同規模の炭素税を課した場

図表4−6　機械や自動車は還付額の方が炭素税負担よりも多くなる

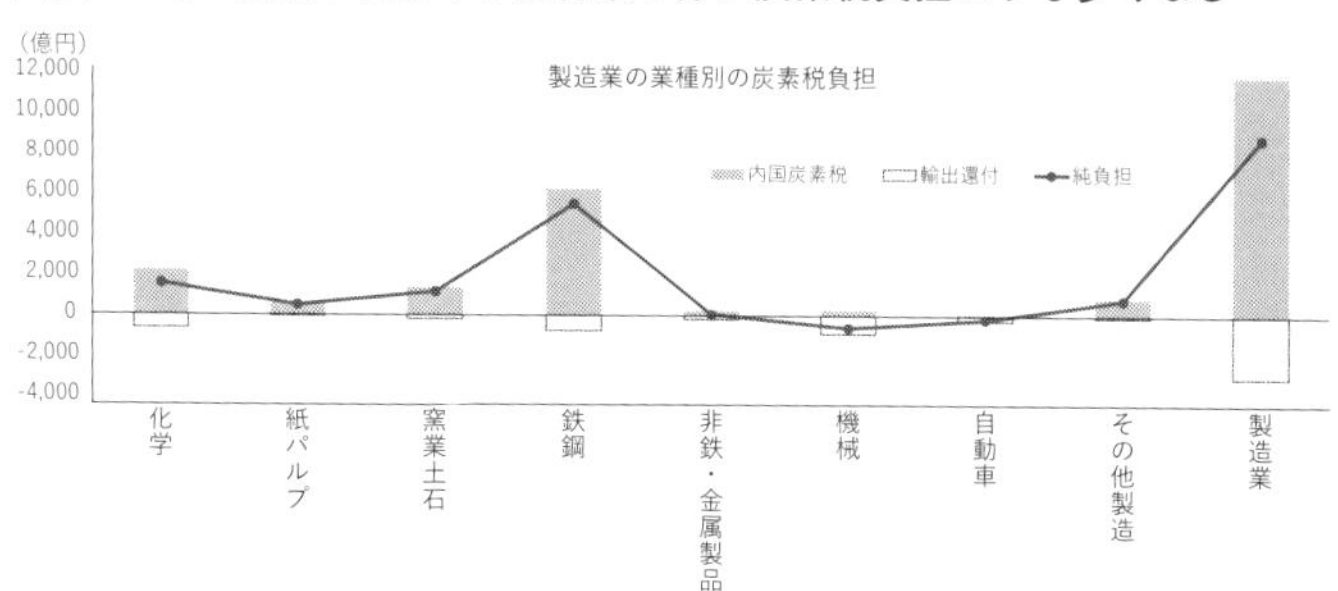

（資料）GTAP10、データは2014年

合についてCO_2排出の経済への影響を国際貿易分析プロジェクト（GTAP）のCGE（応用一般均衡）モデルで試算した〈テクニカルノート4参照〉。

日米欧で炭素税（試算の前提は50ドル／t−CO_2）を課した場合、例えば日本では国境炭素税なしでは、製造業の負担は1兆2000億円弱（1ドル＝109円、うち鉄鋼が6200億円、化学が2200億円）の税負担となる。国境調整を行う場合、輸出には炭素税が還付されるので、8700億円に負担が軽減される（図表4−6）。機械や自動車で還付額の方が炭素税よりも多くなるのは、輸出の際に直接排出分だけでなく間接排出分も還付されるからだ。

炭素税導入の結果、日米欧ではCO_2が大きく減るが、世界全体の削減量は5％にも満たない結果になった。先進国だけが炭素税を取り入れ、国境炭素税を導入しても、世界全体のCO_2削減には限界がある。国境炭素税をきっかけに地球温暖化対策として中国にも炭素税導入を求

図表4－7　世界共通の炭素税は経済成長にほとんど影響なく、温室効果ガスを削減

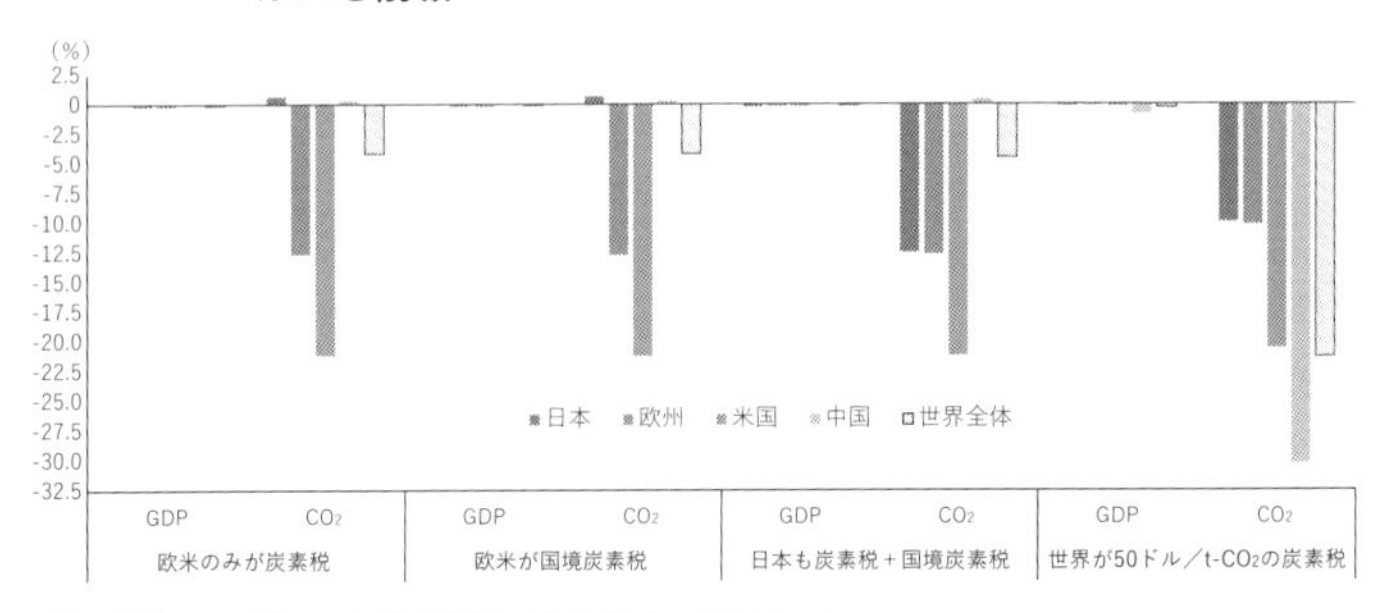

（注）試算では徴収した炭素税収は全額社会へ還元している
（資料）GTAP10、データは2014年

め、世界共通のルールにすれば、同じ50ドルの炭素税でもCO_2削減量は約4倍になる。経済全体への影響はほとんどない（図表4－7）。中国や新興国に一日も早く、CO_2排出を減少させる努力を求めることが必要だ。

先進国にとって重要なことは、エネルギー多消費産業（鉄鋼や化学）の生産への影響だ。世界中で共通の炭素税を導入すると、世界全体では生産が減少しても日米欧とも、生産が増加に転じる。エネルギー効率は、先進国の方が良く、その比較優位が働いて生産は先進国にシフトするからだ。

逆に中国は、エネルギー効率の悪さによって炭素税が課税されると負担が重くなり、生産量が3％減少する。ただ日本もたどってきた道で、重厚長大の素材産業からハイテク産業へシフトするきっかけになり、より高度な産業構造転換を促すことになるかもしれない。経済の高度化を推し進める中国にとっても必ずしもマ

図表４－８　世界中で炭素税を導入すると先進国の鉄鋼や化学は生産増

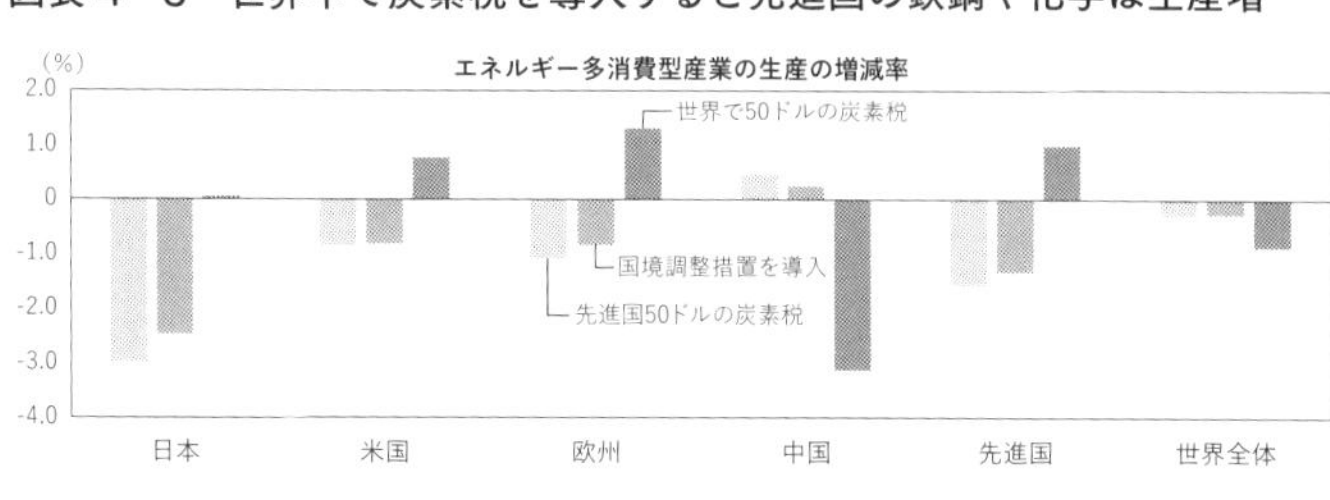

イナスではない。全国的な排出量取引制度を導入している中国は国境炭素税についても日本より受け入れやすい環境を整えつつあるからだ（図表４－８）。

国内のカーボンプライシング政策検討の歴史と未来

日本国内のＣＰ議論に焦点を絞り、歴史を振り返り、その未来を論じてみよう。

ＣＰが真面目な政策課題として登場してくるまでの歩みを振り返ろう。具体的には、ＣＰ実現に向けて、どのようなハードルを乗り越えてきたかを中心に振り返り、そのことが残された課題を浮き彫りにすることを期待したい。

１９９３年の環境基本法の制定まで――経済学者、政治家の重鎮が主導

まずは、炭素税などの環境税が正規の政策手段として位置づけられるまでを見てみよう。

話は１９９０年の気候変動枠組み条約の採択に向けて国際交渉が行われていた頃に戻る。日本では、オゾン層保護のモントリオ

ール議定書の採択（1987年）を受けて、地球環境行政が現実に必要になったとの判断から、環境庁（当時）では、地球温暖化問題研究会を立ち上げ、理学、工学の専門家を中心に対策の緊急度・必要度の評価や対策の技術的な意味での可能性の検討を開始した。

しかし研究会では、環境税を正面から検討することは憚られた。予算措置には時間がかかるので、環境税の研究は、日立環境財団の自主研究ということで始まった。研究会の座長は、後に政府税調会長に就任された故・石弘光一橋大学名誉教授、委員には、数多くの環境経済学者を網羅していた。石氏は多くの著書で環境税の必要性を説明され、大いに国内啓発した。

1990年に政府は、関係閣僚会議の決定として地球温暖化防止行動計画を作成した。政府ベースの最初の政策アクションであったが、これは技術的な意味での対策を整理して掲載したもので、まだ環境税などの経済的な措置は、検討課題としても位置付けられていなかった。

環境税が表舞台に登場したのは、1992年の地球サミットの直前である。地球サミットで採択される国際社会の行動計画である「アジェンダ21」のうち、持続可能な開発を世界規模で達成するための資金確保策を扱う第33章の非公式事前交渉の場づくりが日本に求められた。地球環境賢人会議と呼ばれる会議で、首脳級であった人物のOBが先進国・途上国から広く参集したが、呼びかけたのは故竹下登元首相。竹下氏は、消費税導入の主導者であったので、国内経済界では、にわかに、地球環境税が近々導入されるのではないかとの憶測が広がった。

筆者（小林光）は、この賢人会議の準備に参加し、リオデジャネイロの地球サミットでも33

章の草案をカバーする担当官の一人であったので、この間の事情は記憶に新しい。特に、竹下氏が呼び掛け、後に首相に就任する故橋本龍太郎氏が司会をする非公式勉強会（後に自民党環境問題基本調査会として公式組織化、会長は橋本氏）で各回の討議資料説明役を務め、政治家の方々の問題意識も理解できた。「環境費用をきちんと負担できる経済社会にする必要がある」との確信が、当時の重鎮たちにはあった。

有力政治家の支え、そして、気候変動枠組み条約の採択や地球サミットに見られる国際的な潮流を踏まえ、別途並行して国内で検討が進んでいた環境基本法制では、環境税を、排出規制などと並ぶ、動員可能な政策手段として位置付けるべく、各省調整が行われた。公害対策基本法を廃止して全部が新たに起草された環境基本法（1993年11月制定）の第22条の第2項が、その調整の最終の姿である。第21条で排出規制などを行えることを定めた、その次に続く条文である。

要は、環境負荷に応じた経済的な負担を課す措置を用いる必要があるときは、国民の理解と協力を得るように努める。その措置が地球環境を保全するためのものであるときは、国際的な連携に配慮する。これが煎じ詰めた内容である。

環境基本法に関する各省折衝のなかでも調整が難航した。筆者は、その下折衝役の、本条文の担当室長として一部始終に立ち会った。厳しい折衝を経てできあがった条文は典型的な妥協の産物で、環境税を実施するともしないとも書いていない。当時は霞が関文学の粋とも揶揄された。

しかし環境負荷を減らすために負荷発生者に経済的負担を課して対策を促すことが、環境政策の手段として認められたこと、そうした新規な発想の政策を実施する場合の手続きや配慮事項も書き込んだのが、この条文である。税という名指しはできなかったが、環境使用料金を払わない活動を経済的な手段で是正することが公に選択肢に加わった。

2011年、地球温暖化対策税の導入——石油石炭税に289円を付加

その後も環境省（橋本首相の中央省庁改革により2001年に環境庁から環境省に）は、地球温暖化対策の推進の観点から炭素税的な措置の導入を図り続けた。1997年のCOP3での京都議定書の採択、その国内実施法たる地球温暖化対策推進法の制定は、日本としての地球温暖化対策の設計をめぐる議論に大きなインパクトを与えたが、環境税に関しては自民党税制調査会の答申で、長期的な検討課題とされ続け、税法の改正は実現しなかった。国民的なモメンタムが不足し、産業界の反対が勝ったのである。

事態が動いたのは2002年の秋からである。京都議定書は、採択はされたものの、批准する加盟国が少なく、発効の見通しがなかなか立ちづらかったが、01年11月のCOP7で実施細則の合意（マラケシュ合意）がなされ、批准に弾みがついた。日本も02年5月、同議定書加入が国会承認を得て、正式に加盟国となった。国際的には、発効はロシアの説得如何によるところまで迫るところとなった。

ところで、このマラケシュ合意については、京都議定書で日本に課せられた削減義務「2008〜12年（同議定書第一約束期間）の平均排出量を1990年比6％減」を見せかけに祭り上げ（多大な森林吸収分の削減をカウント可能にするなど）、肝心のCO_2削減では、日本国内の目論見では0・5％増でも国際約束を果たせるようになった。

結果的に国内各界の行動変容は十分には進まず、今日、欧州や韓国に後れをとる一つの背景になったと筆者は理解している。

それにしても、2002年の京都議定書への実際の加盟を契機に、国際約束実現への体制づくり、政策づくりが国内環境行政の切実な懸案となった。エネルギー・産業政策も大きな節目を迎えていた。懸案だった国内石炭鉱山の平和的な撤退策が、同年の釧路の太平洋炭鉱の閉山をもって事実上終了、石炭を普通のエネルギー源として扱うエネルギー政策本来の姿への移行が可能になった。道路特別会計が一般会計の逼迫にかかわらず使途拡大を続けていくことに関して産業界、野党、一般国民からの批判が高まり、特会制度見直しの風潮も高まった。

石油特会見直し

経産省所管の石油特会も、廃止ないしは大きな改革に迫られる時期に差し掛かっていた。同省のなかでは、この特別会計を差し迫った地球温暖化対策の資金的な裏付けをすること、その趣旨から最も炭素含有量の多いにもかかわらず長らく無税であった石炭に課税を始めること、といった考え方が出てきた。ただ環境保全を目的とすると環境省と無関係な制度設計はありえない。そうしたことから、経産省、環境省の調整が始まった。経産省側の窓口は資源エネルギー庁の肥塚雅博次長、環境省は総合政策局担当の審議官であった筆者であった。

調整の結果は、当時の鈴木俊一環境相と平沼赳夫経産相の両省連携の協定文書にまとめられ公表された。石油石炭税の創設の税制改正を両省共同で要望し、特別会計を両省が共管し、歳入増の半分を目途にそれぞれ両省がCO_2対策やそれに係わるエネルギー面の対策に用いる方針を示している。

環境省の懸案、炭素税については、「今回の措置は、地球温暖化対策の財源確保であるが、環境負荷を減らす〝負荷への課税〟という炭素税には当たらないので、環境省は、特会共管に係わらず引き続き炭素税の創設要求を行う」という方針を示し、そのような文言が、両大臣が署名した文書に書き込まれた。こうした経緯を経て、実際に税法の改正が行われ、2003年10月から石油石炭税の課税が始まり、地球温暖化対策の財源に充当されるようになった。

地球温暖化対策推進法改正

経済的政策手段については税の面でこうした一定の進展があったが、もう一つの政策である排出量取引にも一定の進展があった。06年の地球温暖化対策推進法の改正である。

筆者は地球環境局長としてこれに携わったが、内容は、京都議定書に設けられた京都メカニズムという、外国で発生した削減量（削減クレジット）を国際間で移転し、議定書上の先進国の義務達成の手段とできる仕組みを、日本でも活用できるようにするための改正である。

改正内容は、国内で排出枠の割り当てがなく、削減クレジットが国内発生しない点では排出量取引のフルスペックの制度化ではないが、国外で発生した削減クレジットであれば、そうしたクレジットを国内で転々売買できる仕組みをつくったものである。

２０２１年の現時点では京都メカニズムは存在せず、他方、パリ協定の６条にもとづく同様の措置に関しては実施の細目が決められていないので活用できない条文であるが、今後修正のうえで活用する基礎はできているとも言えよう。

この２００６年改正の仕組みは大いに活用された。日本は、京都議定書の第一約束期間に多量の削減枠を東欧諸国から購入した。東日本大震災の結果、原子力発電所がほぼすべて停まり、他方で石炭火力発電が盛んになって、国内のCO_2排出量は当初目論みの０・５％増どころか、同期間中では６％以上も増え、その相殺が必要だったからである。

法制度として現存するのは、東京都と埼玉県が実施する大規模排出者の排出枠設定と未達の削減量を他所から買える排出削減量の取引が国内唯一の例である。

義務ではないが、数量政策側のＣＰとしては、このほかにも、電力供給企業や大量排出者の自主的な削減目標の達成に使うべく、いくつかの仕組みがある。京都議定書で言えば途上国向けのＣＤＭ（途上国での削減に協力した分を国内削減にカウント）と同様、プロジェクトベースで削減量を計算して証書化するＪ-クレジットや、再エネの自家消費分をクレジット化したり、環境価値をいったん国が全量得たうえで再販売するためにＦＩＴ電力起源の削減量をクレジット化したりしたグリーン証書の仕組みがある。

これらは、だいたいCO_2／トン当たり500円程度の値付けが多く、排出枠の義務付けがないので、安値になってしまう。クレジットは、既に減らされている排出量の帰属先をある主体から別の主体に移し替えるだけなので、削減量の追加性がないうえで、今の値段では新たな削減機会の開拓に役立っていない。

ピグーの補助金

2003年の税制改正は、民間や自治体の環境対策を補助する財源の調達を、そう厳密でない原因者負担で行ったものと言える。公正にも配慮した「ピグーの補助金」が小さく導入されたとも言える。しかし、負荷に比例した炭素税にはなっていない。

一歩前進があったのが、2011年の税制改正である。前述の石油石炭税に付加する形の増税として、地球温暖化対策税を設けることとなり、この部分は、各化石燃料に対して炭素比例の課税をすることとなった。税率は289円（t-CO_2）と、CO_2の社会的費用が数万円は下らないと思われるなか、低い税率であるが、炭素税のような「Bads 課税」の考え方がようやく具体化された。

結局、CPに関する日本の現時点での到着点を見ると、価格政策である炭素税については、現状では導入例の世界の中程と思われるフランスの炭素税の20分の1程度の軽税率（税収は約2600億円）のものが実現している。

環境負荷を減らすインセンティブには不足なので、その税収は、CO_2対策の補助金（小さなピグーの補助金）として使われていて、こうした両面の効果（価格効果と財政効果）でCO_2を減らしていることになる。

ちなみに、環境省の推計によれば、価格効果によるCO_2削減量は年間320万トン、財政効果によるものは同じく355万トンとされている。[3]

このように低率炭素税とその税収による削減補助金とを組み合わせることにより、対策をすることとしないこととの間に大きな機会費用を生みだし、いっそう高率の炭素税と同様の削減効果を発揮させよう、と考えたのは、国立環境研究所の故森田恒幸室長だった。日本のCO_2を排出する諸設備を丸ごとモデル化して経済効率的な対策をシミュレーションできる環境経済モデルを駆使しての実証研究の成果であった。この組み合わせは、いわば森田税だが、それが実現した。

数量政策である排出量取引を見ると、肝心の排出枠の割り当てがあるのは、東京都条例等にもとづく一部地域のものにとどまっており国レベルでは存在しない。ただし、転々売買される商品たる削減クレジットの認定の仕組みや売買のルールは、ある程度整備されてきたとは言えよう。

（3） 中央環境審議会カーボンプライシング小委「中間整理」（2021年8月）

逆に課題を整理すると、既存エネルギー税の見直しを含む実効炭素税率のアップ、そして、一般財源化を含む炭素税収の使途（ピグーの補助金やGoods減税）に関する選択、さらに、国境税調整の仕組みの整備があり、排出量取引については、枠を割り当てる大規模排出者の範囲、余った排出枠以外の利用可能な削減クレジットの選択（パリ協定第6条に基づく外国での削減クレジットを含む）、そして税との関係の整理がある。このほか、もっと大きな視点では、規制措置と経済的措置のポリシーミックスなども重要な政策課題であろう。

本格的なCP、第一歩はエネルギー税制の歪み修正を

こうした課題を解いていく手順を提案しよう。まず、既存のエネルギー税制のグリーン化（CO_2排出量にもとづく環境税＝炭素税への切り替え）は、エネルギー起源のCO_2排出量を10%以上削減できる可能性が高い。削減は、経済成長全体への悪影響はまったくない。エネルギー多消費型産業への影響は避けられないが、電気機械など省エネルギーを支える機器を担う産業には、プラスの影響になる。エネルギー税制をグリーン化することは、脱炭素社会実現への第一歩になる。

日本のエネルギー課税をCO_2排出量に応じた税率でみると、ガソリンや軽油といった自動車燃料へ偏った課税になっている。自動車燃料への高い税率は、国のインフラとして道路整備が必要だった時代には合理性はあったが、気候変動の被害が実感される現在、ガソリンのみに

図表 4−9　日本のエネルギー課税はガソリンに偏り

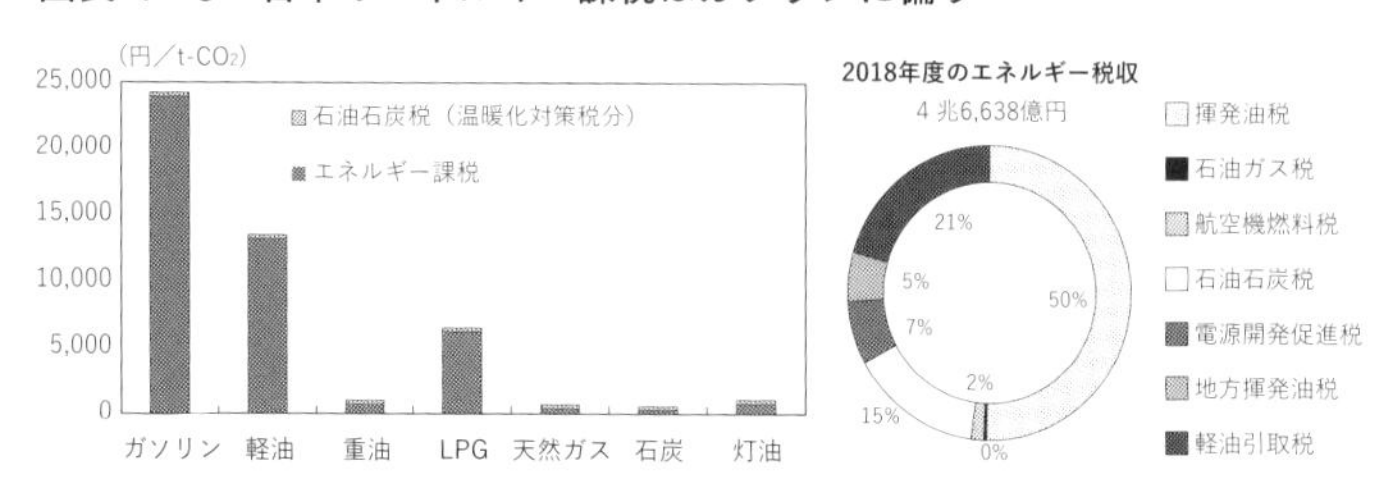

（資料）中央環境審議会カーボンプライシング小委、第4回（2018年11月22日）資料2、「租税及び印紙収入、収入額調」より作成

高率課税し、他の化石燃料（特にCO_2排出量が多い石炭）に事実上課税しないという政策を続ける必要性はほとんどないだろう（図表4−9）。

税制のグリーン化の試算は、2015年産業連関表をベースにしたCGE（応用一般均衡）をモデルで行った。具体的には、

①2015年のエネルギー税収（石油石炭税の温対税分を含む）を15年のエネルギー起源CO_2排出量で除した税率で化石燃料全体に課税

②2015年のエネルギー税収と同額の税収を確保するよう炭素税を課税

③2015年のCO_2排出量と同じ排出量となる炭素税をすべての燃料に課する

以上の3つのケースで実施した。各ケースによって経済の姿は変わるが、その違いについては、2015年の産業連関表を用い、その時点での課税の仕方によるCO_2排出量、実

質GDP、各産業への影響などについて示した。15年時点では、エネルギー課税をCO_2排出量1トン当たりの炭素税に直すとすると、税率は4100円超となる（図表4-10のケース①）。

ケース①：再生可能エネルギーなどの増加や省エネルギーによって基準のエネルギー税収よりも炭素税収の総額は少なくなり、結果的に減税となり、実質GDPは誤差の範囲とはいえ、増える。一方、図表4-9で示したガソリン課税への偏った税が石炭、石油、天然ガスと歪みなく課税され、効率的な削減が実現し、基準からCO_2排出量は8・9％減少する

ケース②：基準のエネ税収を確保するには、4600円超／t-CO_2の課税になり、その場合排出量は10・2％減る。実質GDPは基準ケースと比べわずかにプラスになる

ケース③：基準ケースと同じCO_2排出量でよければ、化石燃料全体への税率は1600円弱／t-CO_2でよく、1トン当たり2500円以上、総額3兆円の減税となる

税制のグリーン化によってエネルギー税制の歪みが解消され、経済への影響はプラスになる可能性がある（ケース②）。

化学産業は高機能材などへの転換余地があり、生産額は減少しない。建設や運輸は2万4000円／t-CO_2課税されているガソリン、1万3000円課税されている軽油が減税（→5

図表 4−10　税制グリーン化の試算（単位：指定のないものは10億円）

	基準データ	ケース①	ケース②	ケース③
GDP	549,383	549,463	549,398	549,728
(基準データ比：%)		0.014	0.003	0.063
CO_2排出量(百万トン)	1,190.10	1,083.80	1,068.50	1,190.10
(基準データ比：%)		-8.9	-10.2	0
炭素税率（円 /t-CO_2）		4,147	4,619	1,578
炭素税収	0	4,494	4,935	1,878
エネルギー税収	4,935	0	0	0
火力発電	18,203	16,761	16,623	17,667
非火力発電	1,848	2,748	2,819	2,230
電力料金(基準比：%)		9.5	10.7	2.6
鉄鋼の生産(基準比：%)		-2.7	-3	-0.8
鉄鋼の CO_2(基準比：%)		-13.2	-14.4	-5.4

ケース①：事前の税収中立：炭素税率＝基準データのエネルギー税収／CO_2排出量
　　　②：事後の税収中立：炭素税率は炭素税収＝基準のエネ税収となるように決定
　　　③：CO_2中立：基準のCO_2排出量と同じ排出量になるように炭素税率を決定
（資料）2015年産業連関表、エネルギーバランス表

000円弱に）になるため、CO_2排出量は増加する。機械産業は、省エネが進み、CO_2排出は減少する。電力は火力発電が、非化石電源へ転換され、CO_2排出量（20・7％減）ほど生産額（3・0％減）は減少しない。ただし鉄鋼業は、マイナス影響が表面化する。生産額が基準比で2・7％減になる。CO_2排出量は、課税時は14・4％減と大きく減少する。生産の減少に加えて、電炉（CO_2排出量は高炉の4分の1）への転換が促される可能性を示している（図表4－11）。

エネルギー税制のグリーン化を契機に各種エネルギー税をすべて一般財源化する案も、検討に値する。石油石炭税、電源開発促進税は化石燃料の権益確保や原発などの電源立地対策に使う目的税だが、エネルギー消費が年々増加していた時代ではない。すでに道路特定財源は一般財源化されている。

試算のケース①②は、課税制度の変更だけである

図表4－11　機械産業の生産額は増加するが、CO_2排出量は減少する（ケース②）

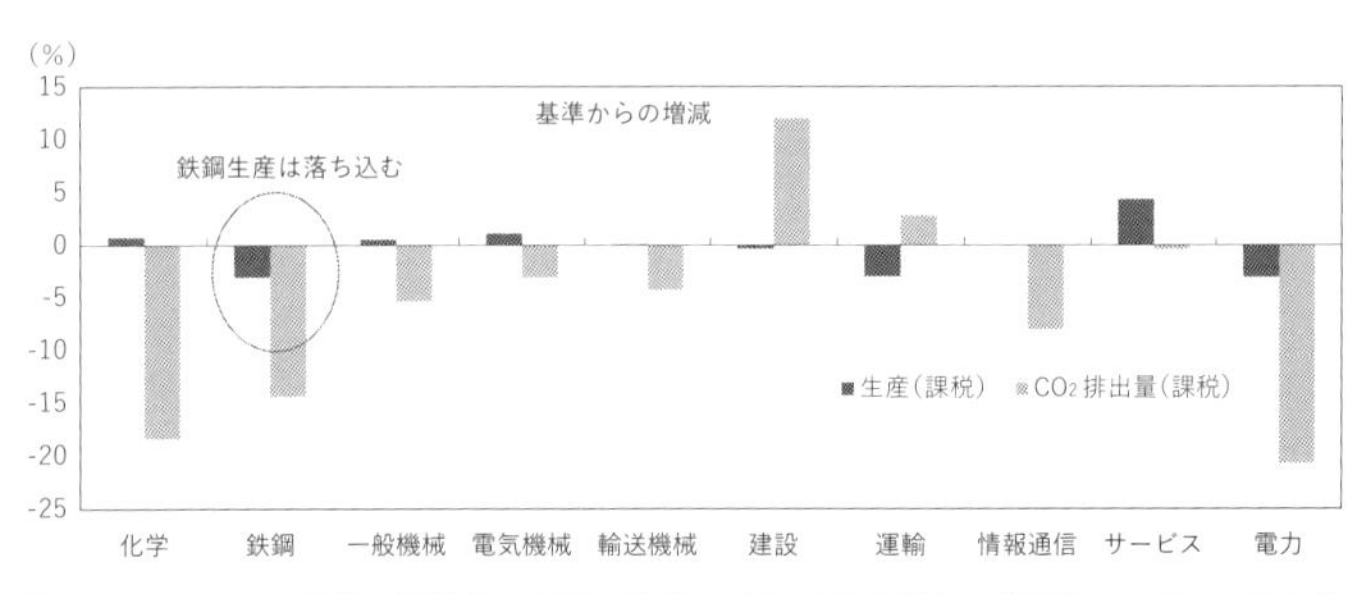

（注）サービスには金融、不動産、商業、教育・研究、医療保健、事業所サービス、個人向けサービスが含まれる
（資料）2015年産業連関表

程度削減できる可能性を示したので、複雑な仕組みの補助金などを思い切って簡素化する余地が生まれよう。エネルギーや環境関係の必要な予算は、一般財源化し、より柔軟な財政支出構造を実現するべきではないか。

炭素税、計画的に税率引き上げを

第1章で指摘したように、DX加速＋税制のグリーン化だけではCO_2削減量は、2013年度比8割削減が限界であり、脱炭素を実現するにはCCSやCO_2を原材料に使い製品開発するDACの開発導入を加速する炭素税が欠かせない。1万2000円／t-CO_2（追加的な課税は約7000円）の炭素税が必要だが、その経済影響を図表4-12に示す（8割削減が基準解）。

脱炭素実現の炭素税率は、図表4-3で示したスウェーデン並みとなる。経済影響は2050年度の

図表 4−12　炭素税の経済影響

	2015年	CCS なし		CCS あり
		基準解	9割削減	10割削減
GDP（兆円）	548.2	606.5	605.1	604.3
（基準解比：%）		0.000	-0.230	-0.366
CO_2排出量（百万トン）	1,224.3	227.5	129.5	177.1
（2013年比：%）		-82.4	-90.0	-86.3
CCS		—	—	177.1
net CO_2排出量		227.5	129.5	0.0
炭素税率（円 /t-CO_2）		0	31,427	12,058
（非火力のシェア：%）	9.1	60.0	72.6	62.4
（追加的な非化石エネのシェア：%）	—	—	7.0	0.0
エネルギー価格［基準解＝1］				
電気（家計）		1.000	1.284	1.107
都市ガス・熱供給（家計）		1.000	1.431	1.166

（注）CGE モデルで分析。CGE の詳細は第4章末のテクニカルノートを参照
（資料）2015年産業連関表、エネルギーバランス表

る。家計の電気やガスの価格は１割から２割弱上昇する。政府にとってはマクロの経済影響よりも、国内外で２億トン弱のＣＣＳ（ＣＯ$_2$・１トン当たり１万円のコストと仮定）を実施できるシステムの開発や国際的な制度整備が大きな課題になる。

実質ＧＤＰ水準を０・３％押し下げる程度にとどま

　炭素税を導入しても、貯留できる場所、技術がなければ削減は絵に描いた餅になる。それを示すのが、図表４－12のＣＣＳなし９割削減の部分だ。３万円以上の炭素税を課しても、９割しか削減できない。ＣＣＳなしの条件では、ＣＧＥモデルでは脱炭素に達する炭素税率の解は得られなかった。

　また脱炭素社会実現には、ＣＣＳのほか、高い再エネ比率に対応した送電線網や、熱利用される化石燃料を代替する水素を使うインフラが必須になる。その点については、今回の分析では内生的にも外生的にも扱っていない。これらへの国内投資は、本試

図表4－13　環境税収のピークは2030年代半ば

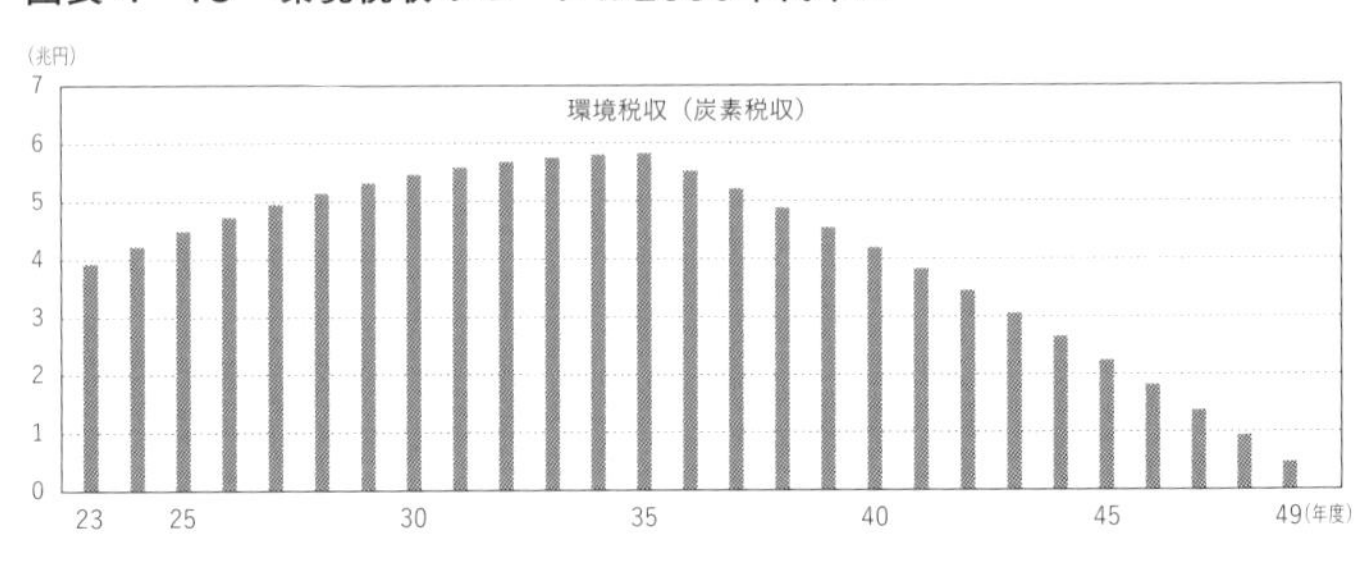

算に対して追加的な成長を生む可能性がある。

２０２３年度から炭素税を導入するとし、毎年一定税率を引き上げていくと仮定（35年度1万円、50年度には1万２０００円）すると、税収は２０３４～35年度に6兆円弱（2兆円の増収）でピークを迎える。その後はＣＣＳが導入され、税率の上昇よりもCO_2削減ペースの方が速く、税収は最終的にゼロになる（図表４－13）。

脱炭素への本格的ＣＰ、政府への信頼が課題

最後に、本格的なＣＰ導入に解決策を見つける際に克服すべき事柄に触れる。

一つには、炭素価格の上乗せは「国際競争力に悪影響がある」という懸念が産業界の一部にある。電力価格は確かに高い方ではある。しかし炭素税やエネルギー税のせいではない。国境税調整を考えると、ここまでで試算したようにエネルギー課税を炭素税に一本化する工夫も必要になろう。日本はＤＸ時代にいち早く適合し、従来のエネルギーに競争力を依存しない頭

脳経済化を図れる位置にいると割り切ることなども必要ではないだろうか（図表4―14）。

第二には、政府の恣意的な介入への心配があるのではないか。炭素税をアップして膨大な税収を何に使うのか？　国民的な議論が足りないことが原因だ。排出量取引の場合は、どうやって排出枠を企業間に配分するのか、官僚の裁量で決められることは許せない、といった疑心暗鬼も強いように感じる。

他に障害となる要素は多々あろうが、ライフワークとしてCPに取り組んできた筆者は、こうした懸念への賢明な対応が必要なので、環境政策の枠を超えた、あるべき経済社会の設計という形での議論をしてもらいたいと考えている。その時には、次の利点を考慮してほしい。

CPは、第一に炭素を使う者だけに負担を強いるのではなく、社会全体に炭素使用に伴う費用を配分する仕組みであり、炭素税の納税者が誰であれ、その負担は価格メカニズムを通じて経済全体が高炭素価格に対応するものへと変化することにつながる。

第二に、高炭素価格の結果、低炭素価格バブルとでもいうべき環境への負担を考慮していない状況を脱して真に資源効率が向上し、最適資源配分になる。

第三に、安い炭素の過剰消費が抑えられ、経済が縮小するようにみえるかもしれないが、高炭素価格を克服する新たな産業が興り、経済成長につながる。日本の産業公害対策時のマクロ経済分析では、公害防止に関連した産業が興り、経済成長を促した[4]。

最後にCPは一般財源として自由に使える投資原資となる。DXを推進する人材への投資な

図表4−14　エネルギー税率は必ずしも高くない（1000kWh当たりの電力価格と税率）

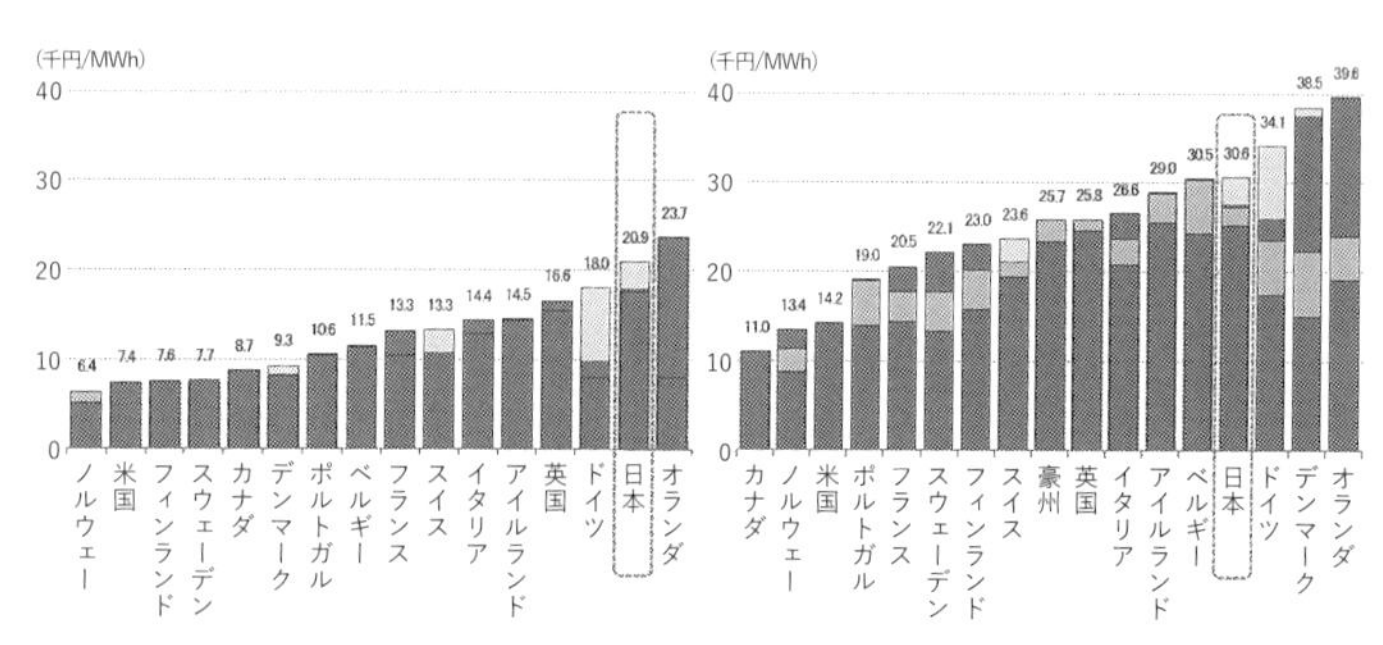

（注）1）本体価格（ex-tax）及び消費税（Goods and Services tax、Value Added Tax）は、IEA（2020）「Energy Prices and Taxes for OECD Countries, 3rd Quarter 2020」の2019年の平均値を採用。本体価格は、原価や人件費など、電力の小売価格から消費税及びエネルギー課税を除いた価格を指す。本体価格及び消費税のデータが得られる国のみ掲載。ただし、2019年のデータがない国については、データが得られる直近の年間平均値を採用。炭素税率及びエネルギー税率は、各国資料等をもとにみずほ情報総研作成。税率は2021年1月時点

2）オランダ及びイタリアの電力は使用量によって税率が異なり、最高税率を採用

3）FIT賦課金のデータが得られる国のみ。FIT賦課金のデータは各国資料等をもとにみずほ情報総研作成。地方の施策のみ導入されている場合はFIT賦課金をゼロとしている。フィンランド及びオランダでは政府が費用を全額負担するため、またフランスではエネルギー税が賦課金の役割を担うため、賦課金がゼロとなる。通年で価格が固定されている場合には2021年の値、変動する場合には2020年の平均値を採用。ドイツについては、付加価値額当たりのエネルギーコストが14％以上の企業に対し軽減措置が適用されるが、ここでは標準価格を採用

（備考）為替レート1USD＝約109円、1CAD＝約82円、1AUD＝約77円、1EUR＝約125円、1GBP＝約141円、1CHF＝約112円、1DKK＝約17円、1SEK＝約12円、1NOK＝約12円（2018〜2020年の為替レート〈TTM〉の平均値、みずほ銀行）

（資料）カーボンプライシング小委（第13回）

どはBads課税、Goods減税の格好の舞台となろう。

【テクニカルノート4】CGEモデル

経済全体では多数の経済主体が活動し、各々が経済合理性（消費者の効用最大化、企業の利潤最大化）にもとづき行動している。一般均衡とは、各々の合理的行動の結果導き出される需要と供給が、すべての市場において価格の調整を通じて均衡することを意味する。短期的には非自発的失業など不均衡が生じるとしても、長期的には経済は均衡状態に向かうと考えられる。

CGEモデル（応用一般均衡モデル）は、産業連関表など基準とするデータが一般均衡状態にあると仮定してモデルを構築することにより、CO_2排出削減などが経済に与える影響を定量的に評価することができる。国境炭素税の分析では、GTAPが作成している国際産業連関表を基準データとしている。

図表4－12の分析では、産業連関分析により予測された2050年の経済の姿を基準データにCGEモデルを作成し、CO_2をさらに2割削減して脱炭素化を実現するための条件を探った。

（4）『1990年版環境白書』「総説」（192頁）

炭素税が導入されると、化石燃料を投入・消費する際にCO_2排出量に応じて税を負担することになるので、企業・家計が直面する化石燃料の価格は上の①式で表される。

$$p_{ij} = \widetilde{p_{ij}} + \varepsilon_{ij} p^{CO2} \quad ①$$

p_{ij}：j部門が直面するi財の価格、$\widetilde{p_{ij}}$：元の価格、p^{CO2}：炭素価格、ε_{ij}：排出係数

炭素税率（＝CO_2トン当たりの炭素価格）を外生的に与えるだけでなく、CO_2排出量に上限を設けて、その達成に必要な炭素価格を内生的に求めることもできる。排出係数は石炭、原油、天然ガスなど燃料種によって異なっており、石炭のように炭素負荷の大きい燃料ほど税負担が大きくなる。ちなみに石炭の主な用途は、電力（石炭火力発電）と鉄鋼（高炉の原料炭）になる。

なお、燃料種別×産業別の排出係数は、2015年産業連関表と、これと整合的なCO_2排出を推計している国立環境研究所の3EIDデータから算定している。また、揮発油税等の既存エネルギー税を燃料種別×産業別に推計し、税制のグリーン化を試算できるようにした。

炭素税収は、政府の収入になった後、一括して家計に還流される。一般均衡では産業連関表の行方向で需給が均衡するように、列方向では各部門の収支が均衡する。政府部門についても、炭素税収をCCS関連等の政府支出増加に充てたり、減税あるいは社会保障の財源とすることにより、収支の均衡が保たれ

る。CGEモデルでは歳出入を詳細に扱っているわけではないので、資源配分に中立的との観点から家計への一括還流として定式化をすることが多い。

炭素税により電力などのエネルギー価格が上昇すると、家計や企業はエネルギー消費を節約することが経済合理的になる。炭素負荷の少ないサービス部門に家計消費がシフトするとともに、第1章のテクニカルノート1で説明したように、企業はエネルギーから無形資産などに代替することにより省エネルギーを進める。このなかには無形資産はもとより、電気自動車やエネルギー効率の高い機械などのように有形資産も含まれる。

しかし、省エネルギーだけで脱炭素を実現するのは難しい。代替だけでは何がしかのエネルギー需要が残るので、これをゼロに近付けようとすると炭素価格が極端に高くなってしまう。そこで、図表4-12のCGEモデルでは、基準となる産業連関分析には存在しない新技術を導入している。新エネルギーとCCS（炭素回収貯留）である。

新エネルギーは、基準データでは割高で導入できない発電技術のことで、例えば風力発電等の再生可能エネルギーのうち、立地条件が厳しいために割高で導入できない案件が想定される。試算では、新エネルギーは既存電力に比べて50％割高と仮定しているが、これは基準データの価格体系の下でのことで、炭素価格の上昇で既存電力の生産コストが上昇すると、新エネルギーも採算に合うようになり生産が始まる。

また、生産関数では資本と労働の他に、新エネルギー部門だけで利用可能な特殊生産要素

図表 T4－1　新技術の生産関数

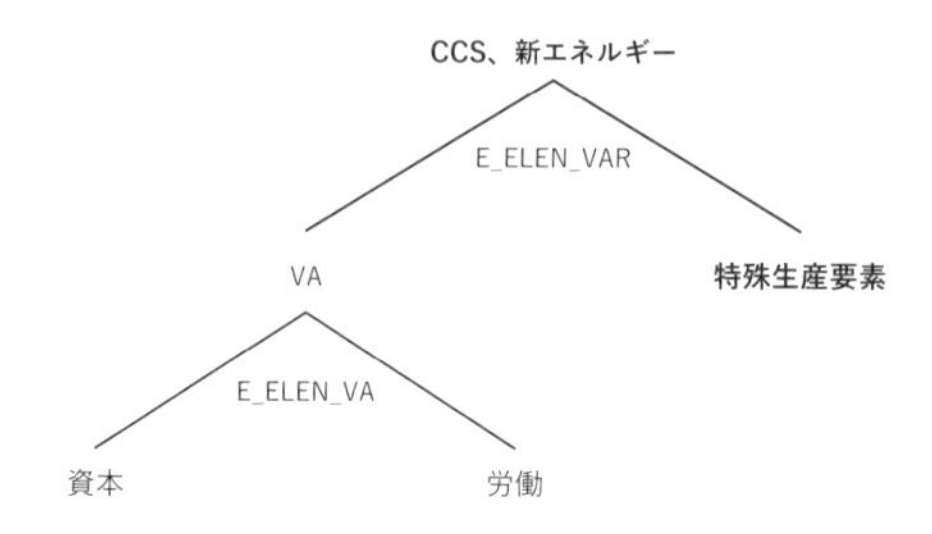

図表 T4－2　新技術の導入プロファイル

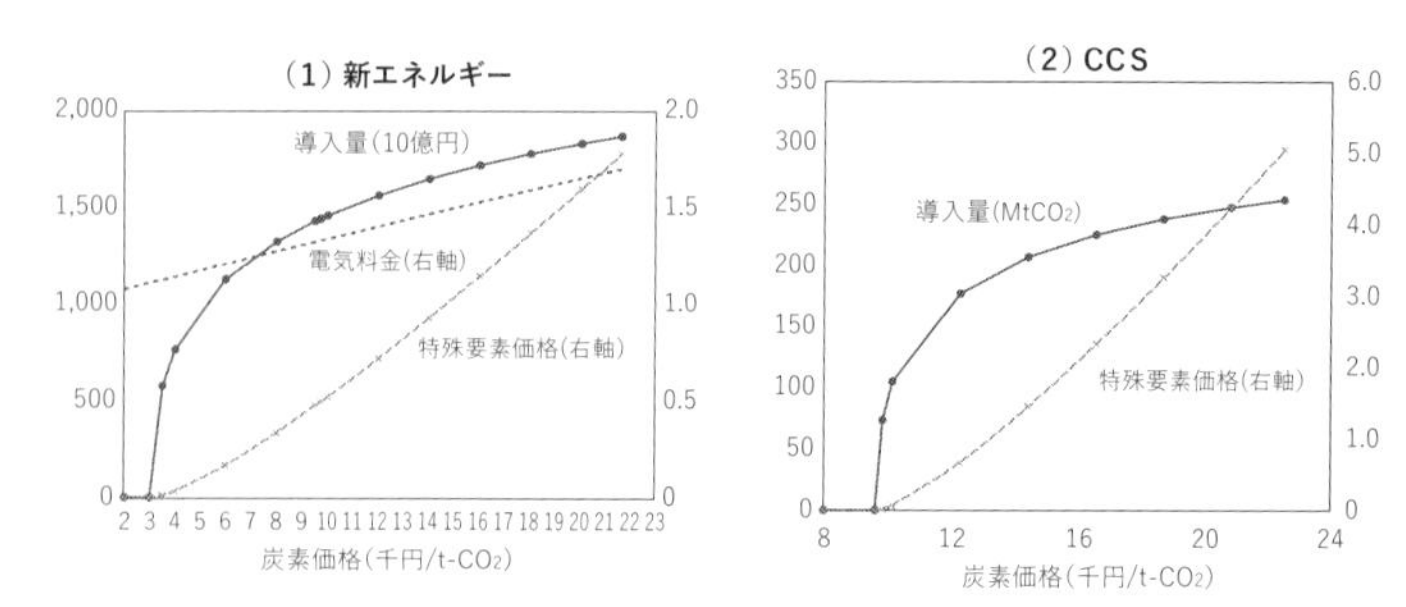

（風力発電などに適した用地）を投入すると仮定している（図表T4－1）。CCSについて新エネルギーと同様の生産関数を想定している。

図表T4－2は、新エネルギーとCCSが炭素価格の上昇につれてどのように導入が進むかを示している。特殊生産要素には限りがあるので、採算に合うようになると急速に立ち上がるものの、途中から増加ペースが逓減する。

第5章

変容——企業、消費者の役割が変わる

人新世と言われるように、人類は、地球環境を変化させるまでに大きな存在になった以上、宇宙船地球号にただ乗せていただく乗客然としてはいられず、その操縦桿を握らないとならなくなった。人類の歴史において驚天動地の大変化が起きた。あわよくば無賃乗車を狙う無定見の乗客がいよいよ悔い改めて操縦室に座る羽目になったのだから、人類の全行動を見直さなければならなくなったと言えよう。

本章では、経済学の一般的な枠組みに沿って、生産者、消費者、そして政府の3つのステークホルダーそれぞれについて、脱炭素社会実現に向けて今後の行動変容がどのようなものになるかを考察してみよう。具体的には、同社会に向けてこれから普及していく新たな行動、まだ当然視はできないが脱炭素社会であれば普及が期待をされる行動、そして、望ましくはあってもその実現がなお困難だろうと思われる行動変容などである。

しかし、心配は無用である。経済とは互いの持ち物を交換しながら利益を高め合っていく行為なので、フレキシブルだ。環境の価格が相対的に高くなっても、交換が生む利益がなくなるわけでも減るわけでもない。化石燃料を燃やし炭素を空中に放出することは我々の目的ではなく、単なる手段。カーボンニュートラルへの移行の過程では、新しい暮らしの哲学が生まれ、新しいビジネスチャンスが開け、新しい起業家が登場する。変化を嫌う方々には退役願い、ワクワクと挑戦をしよう。

企業――持てる技術の社会実装がカギ

現代経済社会を供給面で見ると、活動の主体は企業組織である。現代は、企業が専門化し、B to Bのビジネスが発展した高度の分業社会である。こうしたなかで脱炭素化が進むことにより企業の行動はどう変わることになるのだろうか。成果の測り方、投入する資源、生産する財やサービスの中身、そして企業間の関係の視点でその変化を占ってみよう。ところで、本論に入る前に、脱炭素を果たした企業の姿を技術的な視点で見ておくべきだろう。

企業の本社は再生可能エネルギーでカーボンニュートラルを果たせるが、製造現場のCO_2発生メカニズムはいろいろであり、量も多い（日本全体の35％を占める）。しかし技術はある。高熱利用が欠かせない生産だけに燃料の使用を限定し、それ以外のエネルギー需要は電力で賄い、可能な限りの節電技術を投入したうえで、残された電力需要に対して再生可能エネルギー起源の電力を充てる、というのが基本の考えである。

前章までに予測されたように、将来の日本では重厚長大型ではなく知識集約型の産業構造になっても、燃料起源のCO_2はなお発生する。電源の安定性を確保するために最後まで残る火力発電だ。この場合も、バイオマス発電所の排煙中の炭素を回収しグリーン水素と組み合わせたりして作成する、リユース炭素の合成燃料を用いれば、カーボンニュートラルになれる。化石燃料を代替できる燃料には、発電で過剰になる再エネを用いて製造するグリーン水素を使うことになろう。

技術はあるが、実装するための移行期間での意思決定や費用の工面が事の本質である。この挑戦に企業はどう応え、その行動を変えていくのだろうか。

成果を測る物差しの変更、人へ投資し、化石燃料からダイベストメント

企業活動の成果の大小良否を測る評価基準は変わるに違いない。その変化過程は、高度な分業社会では、企業の経営者がどう考えようが変化の緩急をコントロールできない。企業への資金提供者、すなわち投資家・出資者や金融機関がこの過程を駆動させるからである。

企業とは、新しい財やサービスを生みだし、消費者に販売して、付加価値を得、さらに再投資を行って、世の中の財などを増やしていく存在である。企業の成果の良否は、付加価値の絶対額や利益率、それらの成長率で伝統的に判断されてきた。こうした評価項目自体には大きな

泉は変わらざるを得ない。

変化はないだろう。しかし、地球環境の維持が人類の大きな課題となるときに、付加価値の源泉は変わらざるを得ない。

これまでのように地球の生態系、資源を無償で使うことで付加価値を生み出す活動であった場合、こうした利益獲得手法の行き着く先は、持続可能な社会経済活動ではなく、人類の生存環境を犠牲にした「お札の山」がそびえたつ世界となる。これでは生産活動は持続可能ではない。したがって企業利益の源泉から、生態系・資源の無料使いが排除される必要がある。

環境をゴミ捨て場として使っているのかいないのかは、企業行動の非財務情報として開示が義務付けられているデータを参照すれば見えてくる。こうした情報開示のスキームは、既に普及し始めている。気候関連財務情報開示タスクフォース（ＴＣＦＤ）が求めている内容が著名だ。２０１５年に開かれたＧ20財務相・中央銀行総裁会合での要請を受けて、金融安定化理事会（ＦＳＢ、主要国の金融当局と中央銀行が集まる国際組織）が臨時に設けたＴＣＦＤが17年に提言した情報スキーム、世界中で既に２１５８社がこの情報開示に賛同し、日本でも大手を中心に４０１社が賛同している（２０２１年7月末現在）。

このスキームでは、気候変動が個社の経営にもたらす様々なリスクを掌握し、取締役会での決定に活かすための社内の意思決定の仕組みや、気候自体の悪化による企業活動への悪影響はもとより、気候変動政策の強化による事業価値の毀損の可能性（例えば石炭火力発電への依存など）などについても長期のシナリオを仮定して分析することを求めており、どのような媒体に

図表５−１　環境関連の投資のパフォーマンスは悪くない

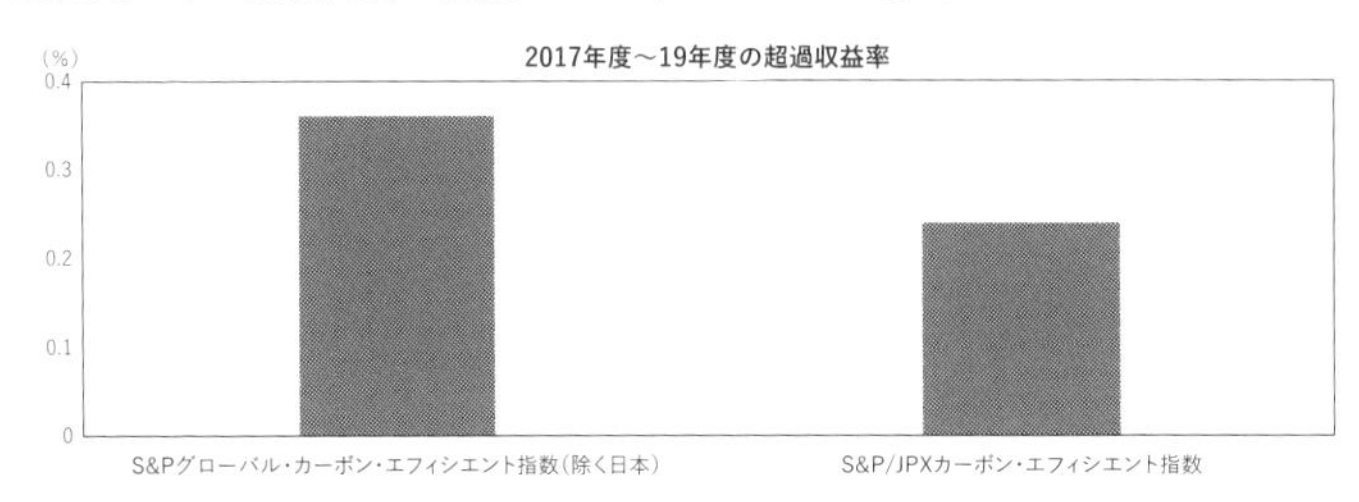

（注）2つはGPIFが選定した環境関連のESG指数。超過率の対象はTOPIXの収益率
（資料）GPIF「2019年度ESG活動報告」

よってそれらの情報を開示すべきかについても推奨を行っている。

このような情報開示が普及すれば、各企業が環境を犠牲にして収益を得ているのかどうかが、資金提供者に容易に把握できるようになる。開示をしない企業への投融資が減るのみならず、開示している企業の間でも取り組みの優劣に応じて資金配分が変わっていくプロセスが進んでいくことになろう。環境への取り組みを考慮した投資信託の収益率を見ると、市場平均を上回る収益率になっているとのデータもある（図表5−1参照）。

株価の低迷は経営者にとっては悪夢であって、情報開示のスキームは、それ自身の力で大きな役割を発揮すると期待できる。さらに、G7財務相・中央銀行総裁会議では、環境に関連する、あるいはコンプライアンスに関連する非財務情報の開示を義務化しようとの動きもみられる。それが実現すれば、企業の活動の評価基準が、長期的になり、環境への影響をカバーするものに完全に置き換わることを意味し、環境と親和的な企業行動への変化は不可逆的なものとして定着する。

日本経済が付加価値を高め、国際的な競争力を維持していくうえで投資すべき先は、ＩｏＴやＡＩといったインテレクチュアルな資源である。投資機会としての魅力を欠くエネルギー多消費型の企業や企業部門は、資金を引き揚げるダイベストメント（投資撤退）の対象となる。

こうした経済自体の生き残りのための企業活動に加え、第4章でみたようなＣＰ（カーボンプライシング）の進展が予測され、個々の企業は、その持てる資金を、化石燃料確保への支出ではなく、情報技術を持つ人材などへの投資、脱資源で脱エネな生産・サービスの研究開発などに重点的に用いるようにせざるを得なくなるはずである。この変化は、第1章、第2章で詳述されている。

ＣＳＶビジネス、ＳＤＧｓビジネスの興隆

ビジネスの活動対象、供給する製品やサービスの中身も大いに変化するはずだ。企業の活動を評価する物差しが、単純な収益高ではなく、収益構造の健全性を見るものへと変化すると、企業の眼は、自然と、自らの活動の公益性の改善に注がれることになる。

こうしたときに、ビジネスのシードを教えるフレームワークが登場してきた。公益増進への役割の発揮が企業の私的利益の確実な源泉になるとする、ＣＳＶ（Creating Shared Value）の発想と、具体的な公益を事細かに示したＳＤＧｓ（持続可能な開発目標）の策定である。当然な

図表5−2　SDGsの17分野

(備考)外務省ホームページより転載

がら、これらのＣＳＶやＳＤＧｓのなかでは、気候変動をはじめ環境の状況を改善していくことは、大きな位置づけを与えられている。

ＣＳＶは、改めての解説も要らないだろうが、ハーバードビジネススクールのマイケル・ポーター教授が２０１１年に発表した論文が初出と言われる、既に10年以上、指針の役割を果たしてきた経営戦略のアイデアである。ビジネスと公益との接点を探して、そこを、公益向上に一層貢献できるように改善していくことが眼目である。では、公益とは何だろう。

これに応えたのが、２０１５年に国連で採択されたＳＤＧｓである。国連は、２０００年にミレニアム開発目標(ＭＤＧｓ)として途上国の経済や生活の底上げを目指すべく8つに絞った内容のものを掲げ、貧困の改善などで成果を上げた。15年に定めた新目標は、先進国も途上国も等しく目指すべき人類のゴールといったものであり、視野ははるかに広いものとなった。17の目標とその下に169のモニターすべき項目が定められている、体系的な目標である（図表5−2）。

その特色としては、広汎な公益をカバーすることだけでなく、それらをパッケージとして達成することを狙う、統合的な視点を持っている点が重要である。先に述べた公益との接点をこの17の指標に機械的に突き合わせて、複眼的に評価をすれば、思わぬコベネフィット（一つの活動がさまざまな利益につながる）を見つけることも可能になる。

逆に、克服すべきトレードオフ関係を見つけてビジネスアイデアを補強することもできる。筆者が現役行政官の時代には、環境政策の強化には異を唱えることが多かった経団連も、今や、ホームページ上にSDGs特設サイトを設けて、イノベーションの契機としてSDGs活用すべしとして旗を熱心に振っている。旧態依然のビジネスではもう利益を出せず、ビジネスにイノベーションが必要だ、と一番理解しているのは、産業界ではないだろうか。

産業のエコシステムの高度化――製品販売からサービスの提供

脱炭素で企業がどう変わるか？　最後はBtoBの取引関係を含めた、産業のエコシステムの変化である。

経済の持続可能性を物的な意味で説明した原則に、米環境経済学者のハーマン・デイリーの三原則というものがある。

第一は、自然界から人間界に取り込む資源の種類や量は、自然が再生産できる物であって、再生産される量の範囲とするという原則。

第二は、再生産できないもの（例：鉱物資源）は、枯渇する前に再生可能資源で置き換えるか、既に人間界に持ち込まれた物のリサイクル・再利用で賄うべしという原則。

第三は、人間界から自然界へ出される廃棄物はゼロでなくてもよいが、自然界が必ず無害化してくれる種類や量に限るべき、という原則。脱炭素の世界とは、物的・巨視的に見ればこうした世界なのである。

三原則を現実の経済に当てはめると、リユース、リサイクル、廃棄物の無害化がビジネスとして必須になる。企業は、このような静脈にたとえられる産業にお世話になることになる。環境の累積的な悪化、他方で人口増や経済成長を背景に、カーボンプライシングを先頭に環境上の制約は厳しくなり続けることが想定されるからだ。

製造業は、静脈産業の現場での必要を敏感に反映して、分解しやすい設計を採用したり、リサイクルしやすい素材を選択したり、丈夫につくられている部品のリユース（カスケード利用）の仕組みを用意したり、といった静脈設計とでも表現できる緊密な連携を生んでいく必要があるだろう。

さらに、脱炭素の動きのなかで注目されているＥＳＣＯ（省エネ投資の代行サービス）、屋根借り太陽光発電（屋根オーナーに対して電力を買ってもらうことで収益する）、VPP（仮想発電所。EVなどの蓄電池等の集団的な制御で再エネ電力をフル活用する事業）などのビジネスは、一般的に言えば、製品の販売が企業の収益源ではなくなり、製品が生みだすサービスの販売が収益源となるサービサイジング、あるいはサブスクリプションのビジネスモデルに当たる。

このような世界では、製品を長持ちさせたり、修繕したりといったメンテナンスの仕事が増えていく。自動車も、カーシェアになり、移動サービスの提供に移ることになろうが、そうなれば、待機する自動車の最適配置や、その蓄電池の社会的な活用といった新たなビジネスが生まれよう。

脱炭素は、第1、2章で説明されたように投入産出の構造が変わるのである。物資やエネルギーを使い捨てする無駄を省き、情報を使って物の使用が生みだす満足を効率的に高めるという、経済社会挙げての取り組みだ。この大きな変革の過程は、大きなビジネスチャンスでもある。

この機会に積極的に立場やスキルの違う人たちと仲間づくりをしていくべきである。言い換えれば、将来の経済社会では、単に収支差額の収益拡大を目指した交換が行われるのではなく、いろいろな財・サービスの持つ様々な価値を様々な立場の人々がそれぞれの評価をして交換して互いの満足を高める。そうした複雑なエコシステムの世界になるので、多様な協力がキーワードになるに違いないのである。新しい形、新しい内容のビジネスが期待される。ちなみに筆者は、環境ビジネスの立ち上げ支援やビジネス拡大に必要なファイナンスが専門の吉高まり氏とともに啓発などをしている（吉高・小林　2021）。環境ビジネスはまさしく日本人の知恵の見せ所である。

資金の調達はグリーン、持続可能性がカギに

脱炭素の動きのなかで、企業の行動のうち事業資金の調達は大きく変わる。

これまでの日本企業の資金手当てでは、企業全体の信用力や所有の土地を担保にして、銀行から融資を受けるコーポレート・ファイナンスが多かった。しかし、脱炭素に係わる事業に関しては、複数企業の合弁事業であったり、企業全体のバランスシートへのリスクの波及を避けるために事業を切り出し、ＳＰＣ（特定事業のみを遂行する企業体。特定目的企業）を設けて遂行されたりすることが多い。金融機関からの融資は、事業そのものの収益を担保にして行われるプロジェクト・ファイナンスによるものが多くなった。

他方で、プロジェクト・ファイナンスであれ、コーポレート・ファイナンスであれ、広く社会公益に貢献するものに限定して使われ、その効果がきちんとモニターされるような資金ニーズに関しては、グリーン・ボンド、サステナビリティ・ボンド、インパクト・ボンドが提供され、投資家に高評価となる仕組みが出てきている。欧米で急速に発達してきたが、日本でも最近の伸びは目覚ましい。

例えば、スタートアップ時期を脱して間もないLooop（東京・台東）の屋根借り発電事業では、三菱ＵＦＪ銀行が元請けで、30億円ものグリーン・ボンドによる資金調達が可能となった（２０２０年５月）。

脱炭素事業を行う企業の技術力や事業遂行力がしっかりと説明ができ、他方で、金融機関側で、市場や政策の動きなどを踏まえて収益性に関する目利きができ、事業の運営指導ができれば、脱炭素の商機への対応をきっかけに、担保を主体としてきた伝統的な資金調達に革命的な変化が起きるのではないかと期待できる。これも、前項で説明した産業のエコシステムの重要な進化と言えよう。

家計（国民）——脱炭素への期待と現実にギャップ

経済学では、家計を、企業の生産物を消費する存在、そして企業に対して労働力や、貯蓄している資金を提供する存在として描いている。生産物の購入と労働力や資金の提供の量は、いろいろな物の価格の組み合わせ条件に応じて変化し、その条件の下で国民の満足が最大になるように決められていく、ということになる。

そうした枠組みを頭に置きながら、脱炭素の動きのなかで国民の行動に期待されることは何か、実際に国民は行動をどこまで変え得るか、期待と現実にはどれほどのギャップがあるのかを考えてみたい。国民の行動が脱炭素の動きにどうフィードバックされ、反映されていくかに

図表5－3　時間をかければCO_2は大幅に減らすことが可能

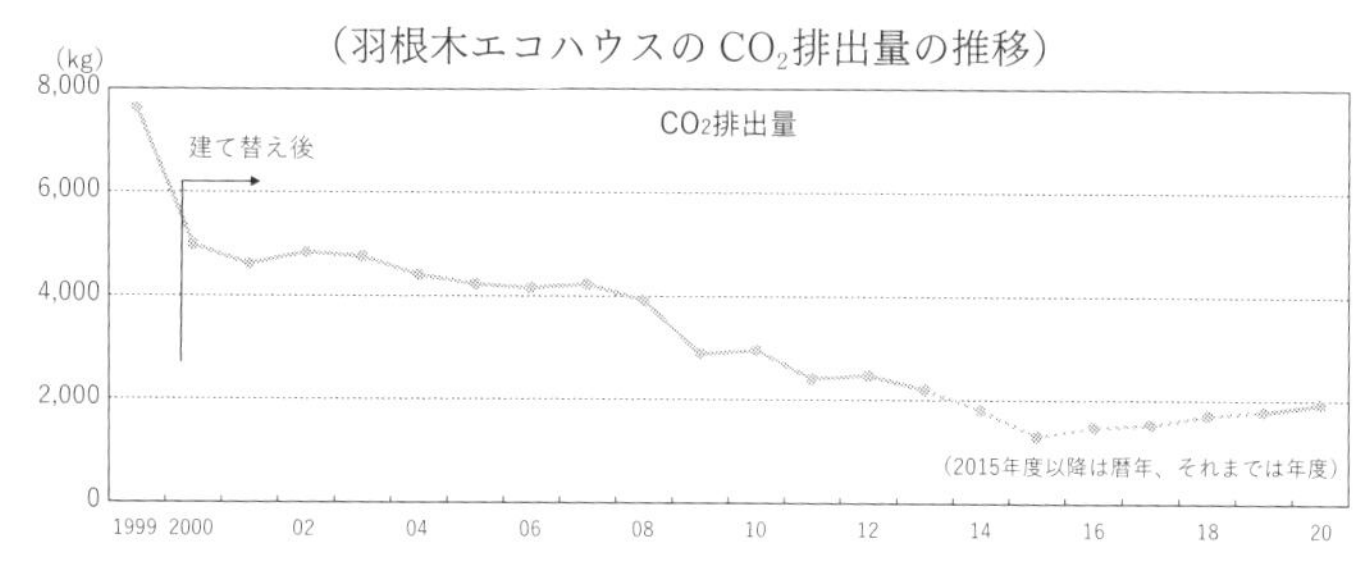

（注）1．電力のCO_2排出係数は1999年で固定
2．2015年からは暦年
3．2014、15、17、18年（年度）は居住人数が1人少ない
4．2020年はコロナ禍による巣ごもりの影響

ついても考えたい。

ここでも、脱炭素を果たした国民生活が技術的にはどういったものになるのかを、まずは見ておこう。この点については筆者の自宅での長い経験がある（小林2021）。太陽光、太陽熱などの自然のエネルギーは狭い敷地でも潤沢にあり、節電型の家電や開口部の断熱などの省エネを徹底することと合わせれば、生活エネルギーを賄う技術は十分ある、と断言できる。しかし自宅・羽根木エコハウスでも、建て替え前比CO_2排出量の80％削減に至るには20年以上の歳月が掛かった（図表5－3）。

残りの排出量は他所で生産したグリーン電力を充てることで脱炭素に持っていくことは可能であるが、相当に息長い、執拗なリノベーションが求められる。2030年での国全体での46％削減目標を実現するために家庭に求められる削減率は、環境省によれば66％だと言う。本章執筆時点からおよそ9年間でその削減を果たすには、よほどのリノベーション努力か莫大なグリーン電力供給が必要である。

しかし、経済の手段である企業と違って、経世済民は、いわば経済の目的であり、自然エネルギーを使わないなら生活するな、などとするわけには絶対いかない。強引な規制といった方法でなく、家庭用省エネ設備が行きわたり、他方でグリーン電力が十分に手に入る世界が２０３０年以降の世界であろう。この場合、住宅が千差万別であることにも考慮が要る。太陽光パネルを設置する資力がない家庭、高層の集合住宅のように、単位面積当たりのエネルギー需要が大きいものもある。

生活に伴うＣＯ$_2$排出がなくなる世界では、技術的には、再エネをたくさん生みだす家庭とそうでない家庭との間での電力融通などの仕組み（例えばＶＰＰ）を確立する必要がある。このほか、生活起源のＣＯ$_2$排出には自動車からのものがある。自動車の脱炭素は、ＥＶ（電気自動車）やＦＣＶ（燃料電池車）で図れる。技術的には可能であるが、ＥＶやＦＣＶを選んでもらうことが課題になろう。車載の二次電池が普及した２０５０年には、電動車に載せられる各種電池全体の充電量や放電量をうまく制御する仕組みが実装されていよう。

こうして見ると、脱炭素の生活は技術的には可能であるが、それを実現するほどの国民の行動変容は相当なものであり、現実とはギャップがある。望ましい生活へと、国民はどう進んでいくのだろうか。

支出の変化――快適な生活実現が脱炭素に貢献も

家計調査などによると、消費の中身として最も大きなものは食費であり、その他には、光熱（電気・ガス）・水道費、交通・通信費、教養娯楽費などが大きな項目になっている（図表5－4）。

ここでも、製品として販売していたものをサービス化して提供するサービサイジングの動き、物の長寿命化がみられる。若者の自動車離れ、他方でＥＶ技術、自動運転技術の発達で、自動車は所有物でなく、都度利用するものになるであろうことは前述のとおりである。乗用車はステータスシンボルとしての役割を終えた。電動車がコモディティとして登場すれば、このような行動変容は相当程度に実現されると思われる。

生涯支出の額が大きな住宅を見てみよう。現在の日本では、国民一人ひとりがその生涯の間に一軒の家を建てることが当たり前のように思われている。持ち家を奨励する低利融資などの政策が行われていることに見るとおりである。

しかしこの行動も、脱炭素のなかで大きく変わるのではないか。一生に一軒の住宅を建築し、一生の棲家にするという思い込みから離れ、リノベーションや中古市場が発展し、質の良い長持ちする住宅について世代を超えて手入れをしながら暮らす、家族の規模変化に応じて住み替えて暮らす、といったことが可能になる環境が生まれつつあるのではないか。

図表 5−4　消費支出の内訳（2019年度）

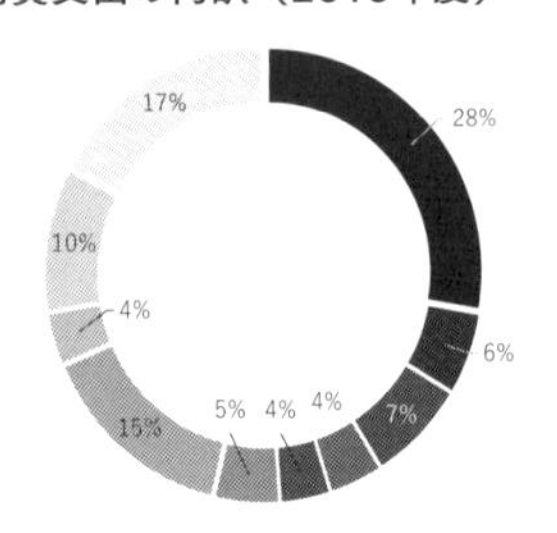

（資料）家計調査

郊外や田園地域では空き家だらけという状況で、資源が無駄遣いされている。リノベーションが発展すれば、持ち家を建てられない所得層の方々への質のよい住宅提供にもつながる。「持ち家信仰」の呪縛から離れれば、国民の生涯可処分所得は随分と増え、別の支出項目に資金を回す余裕が出てこよう。

ちなみに温暖化対策推進計画では、日本全体での２０３０年時点での46％削減目標を達成するために、前述のとおり、住宅部門には66％もの削減を求めることが検討されている。その具体化のためには、最後まで聖域として規制を避けてきた小規模の戸建てあるいは集合住宅の断熱等の性能確保が、脱炭素のなかで、義務化される可能性が高い。

生活の規制は望ましいものとは言いにくいが、防火や耐震基準と同様で、もはや本人の自由に委ねられず、互いの安全のために統一行動が必要になっている。そうなれば、住宅の質に対する国民の考え方は大きく変わり、住宅の選好が今とは異なったものになることが大いに期待できる。

特に脱炭素がもたらす副次的な効果は、国民の利益に大いに叶うと言える。例えば、国民の高齢化に伴い、住宅の断熱性の価値が高まっている。断熱に優れた住宅は、「地球のために良い」というよりは、住み手の快適性や健康維持にこそ利益があるのである。健康や生活の快適さを強く考えて住宅に手を入れることが、主流になることの方が、ゼロ・エミッション・ハウスを説くことよりも、脱炭素に貢献しよう。

同じことが、家庭の屋根に置かれる太陽光発電パネルにも言える。政府は住宅の6割に太陽光パネルが張られている状態を温暖化防止の観点から目指しているようだが、国民は、度重なる気候災害に危機感を強めていることから、温暖化防止ではなく、購入するより安い価格の自前の電力が使えること、それも特に災害時に電力が途絶しても電気器具が使えること、といった価値を評価し、太陽光パネルを設置したり、あるいは屋根借り発電企業に依頼してパネルを張ったりすることになろう。環境行動が強まるのではなく、健康志向、安全志向が国民の生活行動を変容させていくと期待できる。

最後に、エネルギー支出や食費といった必需品に係る消費行動の変化を見てみよう。エネルギー価格は、FIT賦課金の負担額の増加、送配電網の整備のための投資、日本でも早晩採用される可能性が高い炭素税等のカーボンプライシングの結果、値上がりは避けられない。生活防衛のために、一層の自動車所有離れ、節電・省エネ型家電の選好の強まり、断熱性の高い住宅へのリフォームなど既に見た行動が強まろう。

国民の金銭的な意味での生活防衛に際して支出カットの対象にされることの多い費目は、教養娯楽などであるが、家電の買い替えのように、損して得取れ、といった投資的な行動に目が向いていくことが鍵になろう。

食費は大きな支出項目である一方、大変残念なことに日本では大きな割合で食品ロスが発生している。逆に言えば、このロスを生まない社会的な工夫があれば、食費支出の絶対額を増やさないで済む余地がある。食品ロスの削減に加え、食の安全性への関心の高まり、健康志向の高まりから進む肉食偏重の改善などで、食に起因するCO_2の誘発は減っていく可能性が高い。

全体として見ると、家庭に期待される行動変容と実際に進んでいきそうな行動変容の間には、まだギャップがあると予想され、斬新な政策を講じる必要がありそうだ。しかし、脱炭素の選択肢が増えてきていることから、経済社会の脱炭素の動きに応じて消費も脱炭素を進める方向に動くことは間違いない。それは、供給側の環境ビジネスの拡大に好循環を生み、レバレッジを効かせることになると思われる。

注意しなければいけない要素もある。脱炭素のために生活必需品の価格が上がると、特に低所得層にとって逆進的な悪影響を及ぼす点である。政策的には、脱炭素政策とパッケージでの生活保護・補助や子ども手当、教育費補助などの充実強化、家電エコポイントのような家計の投資行動の支援などの福祉的な政策とのポリシーミックスを発展させる必要が出てこよう。

働き方の変化――テレワーク、IT活用で効率と生活の質向上

近年のデフレ傾向のなかでの勤労所得の伸び悩み、コロナ禍での企業収益の二極化などで、国民の就業状況が悪化し、出産・子育て意欲の減退が見られる。脱炭素の動きは国民の働き方をどう変え、大きな目では労働力再生産にどのような影響を与えるだろうか。

個人的には、コロナウイルスの蔓延防止対応として企業などが取り入れた遠隔勤務の普及、習熟に希望を感じた。ITに優れた革新的な企業の方が在宅勤務、遠隔勤務を取り入れ、他方で、官庁のような旧態依然とした職場は、結局、短時間勤務などで職場人数を減らすのがやっとであって、本格的なテレワーク体制を築けなかったように見えた。

今後、化石燃料に依存せざるを得ない重厚長大型から、日本の付加価値の源泉がITを活用した効率的で高品質な製品の生産、デリバリーといった頭脳集約型のものに移っていくと極論すれば、デジタルツインをつくって、遠隔でも、工場や研究室と同質の勤務を行える高い実力企業への淘汰が進むはずである。

就業者の視点からすると、遠隔勤務となると、在宅でも他の家族に迷惑をかけないか、自宅のそばにワークスペースを持てるか、といったことが重要になるが、これらの条件をクリアできれば、長い通勤時間を過ごすより全体として良い生活時間を過ごすことができる。働き甲斐の獲得、そして次世代の家族の再生産には良い効果を持つように思われる。将来は二地域居住、

Ｉターンといった形で郊外のみならず地方での就労が増え、消滅自治体などが生まれない国土全体の均衡ある利用につながらないか、と夢を感じるのがテレワークである。

コロナ禍の下、欧米でも田園回帰とテレワークの流れが顕著であると聞く。このため、海外の木材需要が高まり、外材に依存してきた日本は、材木の輸入ができず、ウッド・ショックと表現される有様だそうだ。木材価格の高騰は長期的に定着すると見越して、脱炭素の動きのなかで、国産木材の利用体制の構築への投資がこの際進むことを期待したい。里山地帯にも新たな就業機会を生むことになるとすばらしい。

英国のジョンソン首相が気候変動枠組み条約第26回締約国会議（ＣＯＰ26）をグラスゴーで開催するに当たって発表した10ポイント・プランでは、林業振興を超え、英国国土の自然生態系の再整備を、人的資源をそのために投じて実行していくことが、わざわざ1項目に据えられているほどである。脱炭素のインプリケーションは広汎だ。日本の脱炭素にも、ゆくゆくはその位の大きな視野が出てくるのではないだろうか。

貯蓄と投資――グリーン投資の環境整備でタンス預金活用を

家計は、貯蓄が金融機関を通じて企業に投じられることにより、将来の生産を増やしていく原動力となっている。高齢化に伴い、国民の純貯蓄（貯金などと取り崩しとの帳尻）は減り気味であるが、国民の貯蓄は約１９００兆円とマクロ経済を動かす潤滑剤になっている。

しかし、日本では国民は預金が主体で、特定企業の社債を購入したり、株式へ投資をしたり、それらをある程度束ねた投資信託を買ったり、といった資金運用先の選別は欧米に比べて比率は大きくない。資金の行く先は銀行の判断に委ねてしまっている。運用に資金提供者の意思が反映されていない。

その背景には、老人ホームへの入居に必要な権利金、頭金のような金銭は安全で現金化がすぐできるところに置いておきたい、リスクは取りたくない、といった事情があるのではないだろうか。最近の低金利もあってか、預金どころか、タンス預金も100兆円もあると言う。このような行動（というか何もしないこと）が、脱炭素で変わらないものだろうか。

筆者は、低金利のなかで脱炭素が進んでいくと、金融資産ポートフォリオが変化するにちがいない、と予測している。国全体の資金循環の観点、そして日本の生き残りや成長のためには、国民に脱炭素やその他のイノベーションの動きを支えてもらわないとならない。逆に言えば、2050年に日本が脱炭素を成功裏に果たせていたならば、それは、国民の資金が環境に投じられていった結果である。

では、そこに至る経路はどのようなものなのだろうか。

一つには、国民が資金を投じ望ましいリターンを得る、その回路が見えるようになり、手応え感が出てくるようになるのではないか。例えば、グリーン・ボンドであり、あるいは、太陽光発電や風力発電、水力発電への市民出資の仕組み、環境スタートアップを応援する報奨付きのクラウドファンディングなどが、既に登場している実例である。脱炭素のなかでこれらの露出がもっと増えよう。

第二に、こうした投資とリターンの関係が、今よりローリスクになる工夫も生まれてくると考えている。例えば、投資案件に第三者的な目利き・選別がなされていることが、ローリスク化には特に重要である。

この点では、前述したグリーンファンドを通じた金融機関内の組織・専門家の整備や経験の蓄積は極めて大きな力を発揮していくと思われる。グリーン・ボンドでは、単なる返済可能性や収益性の評価だけでなく、その資金供給が真に環境改善に結び付くかもチェックされ、その実態、経過もチェックされるのであって、投資リスク削減には役に立つ仕組みである。

供給と消費の共進化で新サービス創造に期待

国民の行動変化が促す供給側の行動変化もある。供給側単独のビジネス戦略は、既存の製品・サービスと同等以上の性能のものを既存の価格以下で販売する、というデフレ的な戦略になってしまう。

しかし、ディマンド・プルの市場なら話は違う。消費者が環境に敏感になることで、環境に良い製品・サービスが選好されやすくなることに加え、こうした製品等は、往々、幅広い様々な効用を持っていて消費者に一層魅力的な訴求が可能なものが多い。単なるコスパを超えるチャンスであり、マーケティング力が試されている。今より深く広く消費者の満足を高める製品・サービスづくりに向けて、供給者と消費者とがともに新しいビジネスの成長に参加し、互いに成長し、成功のストーリーを紡いでいく。そうした活き活きとしたダイナミズムの設計・演出こそが、これからの脱炭素の成功の鍵であると筆者は思っている。

国民の生活と環境との接点は、極めて幅広い。キーワードだけ拾ってみても、健康づくりになる労働環境のしつらえ、良い眠りのための環境、森林浴、環境音、おいしいお水、涼しい街、おいしくて安全な食べ物、リサイクル社会での衣料、エコ調理などなど枚挙にいとまがない(小林、豊貞 2016)。

国民自身は、経済が長い間停滞していて可処分所得の増加が期待できず、従来型の物の消費の拡大による満足を求めることは諦めているように見える。他方で東日本大震災などの大災害にみまわれ、むしろコミュニティの価値が高まっている。

デジタルネイティブ、ソーシャルネイティブになる環境で育ったミレニアム世代、そしてZ世代の価値観は、社会のなかでの本質的な意義と他方で自身の生活の質の向上とをしっかりと確保していくことにあるとも聞く。そうした国民の琴線に響くビジネスが、日本が脱炭素に成功していれば、今予想できる以上に、盛んになっているだろう。

1970年代も環境が成長の起爆剤に

脱炭素は国難ではなく、むしろチャンスである。人口減少・高齢化が加速する日本は、変化に臆病になり、衰退が視野に入っている。座視していれば、成長の原動力にできる海外にある顧客が欧米や中国に取られてしまう恐れがある。イノベーションに励むしかない。

古い話で申し訳ないが、1970年代に自動車排ガスのNOx（窒素酸化物）を90％削減するという米国のマスキー法の是非が争われていた。ある著名な研究所は、産業界の意を受けてレポートを発表した。排ガス処理装置をつけて仮に自動車の値段が1割上がると、自動車への需要が大幅に減り、自動車産業の雇用も自動車産業へ部品を納める企業の売り上げも、それにつれて大幅に減る、という内容。分析の根拠は、自動車製造の投入産出表であった。

現実はどうだったろう。日本には排ガス処理装置を製造する多くのメーカーが育ち、排ガスのきれいな日本の自動車は世界を席巻するようになった。イノベーション後の新しい投入産出表を想像できないと、環境対応は余分な手間にしか見えない、という教訓である。

脱炭素の経済社会を思い描くのは難しい話ではない。

自動運転社会とかデジタルツインが何にでもある社会（第1章で想定）など、皆が今は夢のように思い描くことは2050年には実現していよう。私たち個人や企業に期待されるのは、脱炭素社会で自分がどんな役割を果たしているのか、それを想像して、その実現に向けて足元から、今までとは違った工夫を実践していくことだ。

人間の社会は、金銭だけでない、いろいろな価値が交換されてＷｉｎ-Ｗｉｎを目指す複雑なエコシステムである。初めは、ほんの数人、数社の行動の変容が現れただけでも、エコシステムが一斉に変わっていくことになっても少しも不思議ではない。

変化が期待できない経済では、合成の誤謬という、マクロの動きとミクロの動きのミスマッチが往々にして起きる。しかし脱炭素という新しいルールの下でゲームをしないとならないので、ミクロのイノベーションは確実にマクロの成果につながる世界が開けてきた。次世代を担う人や企業に新しい社会や暮らしをつくってもらい、大いに稼いでもらいたい。

【参考文献】

［１］吉高まり、小林光『Green Business――環境をよくして稼ぐ。発想とスキル』（木楽舎、２０２１年）
［２］小林光『エコなお家が横につながる』（海象社ブックレット、２０２１年）
［３］小林光、豊貞佳奈子編著『地球とつながる暮らしのデザイン』（木楽舎、２０１６年）

第6章

政策——地球環境で各種規制の統合を

政策を論じる前提として考えたいのが、環境政策決定に関する日本社会の風土である。日本でCP(カーボン・プライシング)の活用が隣国の韓国や中国に比べても遅れている背景には、新規の動きを抑制する力学が働いている。その克服が意識的に果たされなければとならないと、筆者らは思っている。

省エネ、再エネ規制を地球環境対応に借用する限界

筆者(小林光)は、1988年IPCCの設立総会に課長補佐時代に参加して以来、地球温暖化政策の立案に携わった。気候変動枠組み条約(UNFCCC)の第3回締約国会議(COP3、1997年京都で開催)では京都議定書の取りまとめに向けた内外の交渉において、環境省の担当課長であった。議定書の採択の直後には、地球温暖化対策推進法(温対法)を政府内で調整して国会に提出した。日本初のCPとも言える石油石炭税の創設に係わり、温対法の改

正強化に担当局長や次官として携わった。

政策デザインの長く当事者であった経験から日本の地球温暖化政策にはなお弱点があると考えている。例えば、十分な政策手段が与えられておらず、重要な政策については、他目的の政策手段を借用している、といったことである。以下では、2つの主要な論点に絞ってもう少し詳しく見てみよう。

①施策の体系が持つ弱点

温対法は、累次の改正があって充実したものになってきている。

2021年6月の改正で、2050年に脱炭素社会を築くとの究極目標が法律の条文自体に明記されたほか、各ステークホルダーの責務に関する偏りのない規定が設けられている。CO_2を含む各種温室効果ガスについて排出量を計算する場合のルールは、この法律にもとづく規則で定めるとされている。国レベルの地球温暖化対策計画の規定、比較的大きな自治体に義務付けられ、その区域内の温暖化対策を定める計画の策定、その計画内容の都市計画などへの反映を創設的に規定している。

けれどもCO_2排出量を実態的に削減できる法的措置、例えば、大規模工場の省エネを進める規制、電力小売企業に再生可能エネルギー起源の電力の購入や販売を義務付ける規制、大量生産される家電、自動車や建築物にCO_2削減の観点からの制約を設けるといった実効に直結する最も重要な施策に関しては、温対法は何らの規定も明記していない。

図表6－1　温対法は対策の大枠作成しか対象範囲になっていない

気候変動問題への対処のための主な関係法律と相互の関係

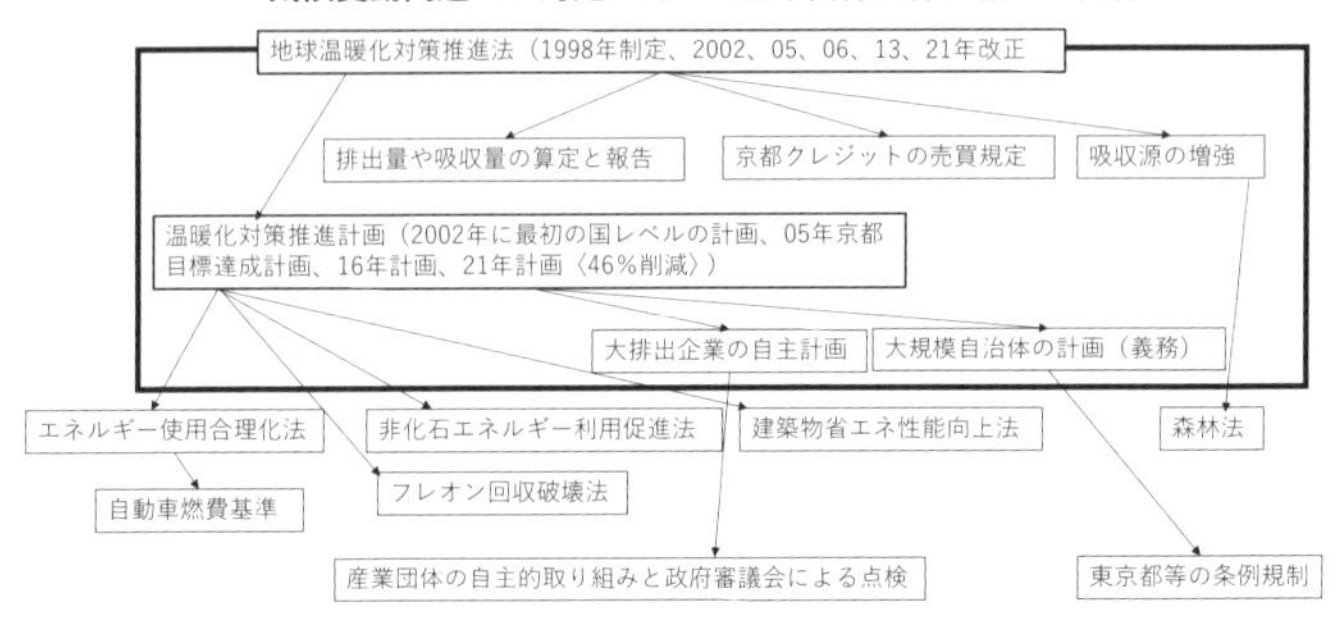

（注）太線で囲んだ部分が地球温暖化対策推進法に規定されている政策
（出所）小林光作成

温暖化防止に不可欠なこれらの重要な施策は、どのような経路で温暖化防止に役割を果たすか、という点を見ると、それは、閣議決定される地球温暖化対策推進計画を介して、その貢献度合いが規定されている、と言うことができる。言い換えれば、温対法は、全国計画の閣議決定をバネにして、かろうじて、前述したような、枢要であるが本法の下にない各種の施策をコントロールしているのである（図表6－1）。

地球温暖化対策に対し枢要な役割を果たすエネルギー施策の側から見てみよう。例えば、FIT（再エネの固定価格買取制度、Feed in Tariff）である。電力を販売する企業に対し、再生可能エネルギー起源の電力を優遇された価格で長期にわたって購入しないといけないと義務付けている法律（「再エネ電気の調達に関する特別措置法」〈略称〉）の第1条の規定を見ると「……我が国の国際競争力の強化及び我が国産業の振興、地域の活性化その他国民経済の健全な発展に寄与すること」が目的なのである。

　この条文の冒頭には、言葉としての環境は登場する。「再生可能エネルギーを利用すること…環境への負荷の低減を図る上で重要になっていることに鑑み、」と、経産省資源エネルギー庁がＦＩＴ規制をするうえで念頭には置いていることは理解できるが、その規制を、環境負荷低減に役立つように定めるとまでは書かれていない。

　電力を販売する場合に、非化石燃料起源の電力を一定程度売らなければいけないとする、電力供給側のいわば数量政策を規定する法律、すなわち、「非化石エネルギー源の利用促進法」（略称）においては、ＦＩＴ規制の場合と同様に、環境負荷の低減は、冒頭に飾られているものの、目的としては、「……エネルギーの安定的かつ適切な確保を図り、もって国民経済の健全な発展に寄与する」ことを定め、環境保全は明示的な目標にはなっていない。

　エネルギー供給サイドではなく、需要サイドを律するのは有名な省エネ法（より正確には、「エネルギーの使用の合理化等に関する法律」）である。この法律では、規制行政の際に念頭に置く事情の一つとしてさえも環境問題は明示的に登場せず、単に、国民経済の健全な発展に寄与することを謳うのみである。

　他目的から行われている法規制を地球温暖化対策に借用する状況は、「建築物のエネルギー性能向上法」（略称）でも同様である。温室効果ガスの発生源として大きな位置を占める自動車の燃費規制をしているのは、前述の「省エネ法」であって、これも温暖化対策に借用されている。

ちなみに、仮にｋｍ／ℓの単位ではとても燃費の良い自動車、例えば、電気自動車が走る場合、エネルギー源の電力が石炭火力であってはCO$_2$／ｋｍではCO$_2$排出量が減らない結果になってしまう、という不都合も考えられる。

借用ではどうしても主管部局の判断への遠慮が生じる。具体的に言えば、環境保全と経済成長とのトレードオフがあった場合に、経済成長に重きを置いた微温的な規制になりがちである。古い話で恐縮だが、１９７０年の公害特別国会では、それまでの公害対策基本法や大気、水質の規制法に置かれていた「生活環境の保全に当たっては、経済の健全な発展との調和を図ること」という条件（調和条項）が、経済優先の根拠とされることのないよう削除された。

地球温暖化対策においても、科学の要請に即した目標を立てても、達成手段でのレベルでは支えられない、といった事態も想定される。こうした恐れをなくすよう、借用で成り立つ政策体系ではなく、明示的に、CO$_2$の発生源を環境規制として規制できるようになる制度改革が望まれることは後述したい。

②政策決定プロセスの弱点

日本の政策決定は、基本は、ボトムアップの積み上げ方式である。特に地球温暖化対策の場合には、前述のように環境規制として整備されてきたわけではない政策手段ごとに、何トンいつまでにCO$_2$排出量を削ることができるのかを考えていくフォアキャスティング・アプローーチだ。それも、環境優先で経済活動が阻害されてしまうといったことがない範囲でどこまで積みあげられるのか、という現状尊重の発想で、政策パッケージ、具体的には累次の地球温暖化対策計画がつくられてきた。

IPCCの累次レポートなどの発想は逆である。大気中に累積していくCO_2などの量と地球の気温の関係から、産業革命以前から起算した気温上昇幅を2℃までに止めるなら今後CO_2の放出をどこまで許容できるのか、1・5℃幅であればどこまで放出可能、といった発想で要削減量を試算している。

政策は、その削減量を確保すべく強度が決められ、組み合わされていく、トップダウン・アプローチ、そして、いわゆるバックキャスティング・アプローチ（日本経済研究センターの第1章の試算もバックキャスティング・アプローチ）である。

日本で特にボトムアップの考え方の弱点が感じられたのは、累次の地球温暖化対策計画で前提とされた経済成長率や、高炉製鉄の製造量などがあたかも地球温暖化対策との関連がないかのごとく、外生的に決められてきたことである。こうしたものは、地球温暖化対策で影響されてはいけない聖域となっていた。

第1章で、政府の経済成長の想定と日本経済研究センターの経済モデルの前提が相当に違うことが対比的に示されているが、政府では、地球温暖化対策のような「尻尾」の方が、成長率といった「頭」に影響を及ぼすことなどは、許されることはなかった。

供給側の積み上げから事が始まることは、日本の地球温暖化政策のパッケージが検討されるプロセスの特徴である。

通例は、電力供給量とその内訳となるエネルギー源別発電量が、資源エネルギー庁の長期エネルギー需給見通しとして決められる。総合資源エネルギー調査会（経産相の審議会）の審議を経るものの、エネルギー政策当局が、3E、すなわち、経済、安全保障、そして環境の3つをにらんで総合的に裁量し、この見通しの具体的な数値が出るので、将来に想定されるCO_2排出量の相当部分（エネルギー起源CO_2）が、環境省の判断を待たずに決まってしまっていた。

その結果、高い成長率を支えるために、将来のエネルギー需要が高めに設定されがちになる。供給側では、政治的にプライオリティが高い原発については、環境政策の見地からは外生的に活用度合いが決まってしまっている。新設基数も稼働率も過大な期待を反映した積み上げがなされてきたため、実際には達成できないということが往々生じた。生じたベースロード電源の穴は、石炭火力発電所が補ってきたため、CO_2排出量は増え、エネルギー長期見通しで見込まれた電力排出係数は実際には高くなりがちであった。

他方で、石炭火力によって産業用電力価格が上昇しなくて済んだ、とも言えよう。再エネを積極的に導入するには、焚き増し焚き絞りが容易で比較的にクリーンなLNG火力が調整力として必要だが、エネルギー供給をkWhといった電力量で表現しているのが長期見通しのならわしなので能力ベース（kW）での設備計画ではない。こうした条件に加え、天然ガスは石炭に比べ割高なので敬遠されたのか、設備の維持や増強には結び付かず、調整力としてのＬＮＧ火力は結果として不足気味となってしまった。

環境政策との関連でさらに言えば、エネルギー需給の長期見通しは、あくまで見通しであり、政策の基礎資料にすぎない。そこで試算される電力のCO_2排出係数を担保する政策（石炭火力発電の小売り事業の規制など）はなく、実現が保証されるものでもなかった。

③２０２０年の菅首相の所信表明演説のインパクト

ここまで見てきた日本の地球温暖化政策の政策決定にあった弱点に初めて正面から挑戦したのが、２０２０年10月の当時の菅義偉首相の所信表明演説であった。そのワーディングは次のとおりであった。

「わが国は、２０５０年までに、温室効果ガスの排出を全体としてゼロにする、すなわち２０５０年カーボンニュートラル、脱炭素社会の実現を目指すことを、ここに宣言いたします。もはや、温暖化への対応は経済成長の制約ではありません。積極的に温暖化対策を行うことが、産業構造や経済社会の変革をもたらし、大きな成長につながるという発想の転換が必要です」

この方針が、既に縷々述べた日本のこれまでの弱点に照らしていかに異質かは、誰の眼にも明らかだろう。この方針は、冒頭に、地球環境の激変や地球環境の将来に関する科学的知見を踏まえ、などといった動機に関する説明がないので、あたかも経済成長のために温暖化対策に取り組むようにも読めてしまう難点はあるものの、ボトムアップではなく、まず先に目標ありきの、バックキャスティング・アプローチを狙うものである。

菅首相がこうした大転換を決意した背景は推測するほかないが、筆者には、日本の産業政策が、これまでのように世界の脱炭素の荒波から国内産業を守る防波堤の働きを続けても、日本の産業の技術力、営業力を育てる効果はなく、むしろ逆効果だ、と見切った産業政策官僚の判断があったように想像する。事業で使う電力を100％再エネでまかなうことを目指す国際的枠組み「RE100」に加盟する世界の大手企業の動き、ESG投資の勃興などの経済の主な潮流が決まってしまっている。

筆者らとしては、その演説が政策決定アプローチを変えた意義を高く評価するとともに、今後の政策立案過程で、2050年カーボンニュートラルという目標が担保できる施策が果たして本当につくられていくことになるのか、大いに注視したい。

以下では、政府の主な活動分野に即して、脱炭素の動きのなかで発展していくと目される政府の働きを見ていこう。

公共事業――脱炭素対応の社会資本整備を

狭い意味での公共事業には道路建設などが含まれても学校校舎建築は入らない、など決まり事があるが、ここでは、社会資本をつくり出す働きを幅広く検討してみたい。脱炭素には適切な社会資本整備が不可欠であるからである。社会資本整備は、国直轄もあるが、地方自治体を通じて執行するものも多い。自治体の単独事業費で、あるいは受益者負担で執行されるものもある。

脱炭素で問題になるものの一つは、今は公費が充当されていない、地域間を結ぶ超高電圧の送電線の建設や50Hz、60Hzの周波数の違いを超えて電力を融通するための変電所の建設である。

再生可能エネルギーを用いた電力は、北海道・東北地方の風力発電や九州などの太陽光発電という具合に地域的に偏在し、関東や関西の大消費地からは離れている。このため、その送電インフラづくりは不可欠である。原発振興のために、電源開発促進税が設けられ、かつては、原発の電力を大都市に送るインフラが整備された。国策の脱炭素でも、当然、同様な国の出番が求められる。

再エネ起源の電力を消費地に送るだけが、脱炭素関連社会資本ではない。電力需要の時間別変化と再エネの供給とはそもそもミスマッチである。需要を超えた再エネ供給は無駄にせずに、蓄電池や水素に換えて蓄え、需給の逆転に備えておくことが必要だ。大容量の蓄電池（需要端に小容量電池を多く設置してもよい）を送配電網に挟むことや、需要地に水電解による水素製造、貯蔵設備を整備することも、国策としての脱炭素の一環になって当然と思われる。

再エネ起源のグリーン水素は、条件のよい海外で大量生産される。これを輸入し受け入れる港湾設備の整備も、社会資本整備と言える。再エネを積極的に利用するのは、かつての原子力利用と同じく国策。それ相応の取り組みを行うようになるに違いない。

他に、ゴミ焼却排熱を融通し有効に利用するための熱供給パイプラインのネットワークづくり、身近な配電網の強化も念頭に置いた配電・配ガス・通信の共同管渠も不可欠な社会資本として整備することになろう。ＬＲＴ（道路を軌道敷に利用する軽量の電車）のような大量公共交通機関や人口密度の低い地域でも営業可能な自動運転のオンディマンドバスの公設、大量の電気自動車を支える給電ステーションの整備などの交通系のインフラも含まれることになろう。

世界の脱温暖化の取り組みが成功裏に進み、産業革命以降の平均気温の上昇幅を１・５℃で抑えられたとしても、産業革命前から現時点までの5割増しの気温上昇になる。既に気象災害の増加が顕著なので、１・５℃上昇の世界は危険なものになることは間違いない。そこで、防災関連の、伝統的な社会資本にも再整備が必要になる。

かつて新潟平野の地盤沈下対策を見学したことがある。新川という河川の河口の排水ポンプ施設であって、降雨時には、近隣の2万８０００ｈａの低地が受ける雨水を1時間に最大27万トン排水する力を持っている。日本最大級の排水機だそうで、河口が全部、堰になっている。海水面が熱膨張した未来の世界では、国中の河口でこのような対策が必要になる。防災面では相当な投資が必要であろう。

このように、政府が関与する社会資本整備のメニューは、脱炭素で大きく変わり、いわば脱炭素社会資本と言うべきカテゴリーが登場するに違いない。

ところで、政府は、重要性が高まる社会資本整備をどのような規模で行うべきか、また、どのような財源によって行うべきか。優れて財政政策上の課題である。温暖化は、これまでの世代の行為の積み重ねで生じた問題だから、現役世代の負担、すなわち今日の租税収入によって脱炭素社会資本の整備を行うべきだ、というのは基本的に正しい。しかし、今ですら歳出より税収が少ないので増税を行わないと財源は確保できない。政治的な問題を生む。

他方で、今の世代が脱炭素社会資本を整備することは、将来世代の利益にもなる。将来世代からの租税収入で償還する国債を発行して、手遅れにならないうちに脱炭素社会資本を整備すべきだ、との考えにも一理ある。

特に、将来の租税収入が、今後、脱炭素ビジネスが生む所得増によって賄えるなら好循環になる。後者の道も確保しながら、第4章で論じたように前者の脱炭素増税にも、政治的な困難を乗り越えてしっかりと取り組むべきだと考える。欧州主要国では経済合理的な政策として実効を上げているので、日本でも早晩これは避けて通れなくなろう。

医療・福祉――温暖化進行に伴う熱中症、災害被害、感染症へ対応を

政府が担う2つ目の役割は、医療・福祉サービスだ。予算の最大の支出先が社会保障関係だからである。先の公共事業は国の資産を長期的に増やす作用を持ち、年々の支出には裁量幅がある。それゆえ時に景気対策に使われるが、社会保障は、課題を抱える国民へ資金を義務的に

移転するものであって、マクロ経済上の効果は異なる。しかし、裁量余地の乏しい支出が国の予算の35％程度を占め、前述の社会資本関係の4倍以上の資金配分先になっている。

高齢化の進行で健康管理の費用が増えるうえ、今回のコロナ禍の経験を踏まえて医療資源を増強するための費用も高まっていこう。さらに温暖化が進行することで、熱中症患者や災害被害者の増加も予測される。デング熱やマラリアといった熱帯の生物が媒介する感染症も北上してこよう。医療・福祉関係の予算は増えざるを得ない。

そこで、問題後追い的な医療・福祉サービスだけでなく、健康悪化の未然防止的な支出を増やすことにより、後追い的な支出の増加を抑えることが必要になることが容易に推測できる。

介護保険の給付を通じてバリアフリー化の改修を補助するだけでなく、窓ガラスやサッシの断熱化や屋根などの遮熱性能強化などへの補助も候補になろう。公的支出を節約できる可能性があるような民間の取り組み、例えばエコハウスに住んでいる人の医療保険や生命保険の掛け金料率の引き下げなどの工夫も考えられていくに違いない。

福祉政策と環境政策との連携は未開拓なので、脱炭素の大きな流れのなかで急速に発達すると予測する。

地球温暖化で厳寒期の脳や心臓の梗塞などは減るかもしれないが、高温の生活環境下での健康保持には費用がかかり、さらに病院施設での脱炭素化といった手が抜けない課題も出てくる。福祉と環境にまたがる領域では、財源確保から支出の対象選定まで、政府の知恵が求められる。

租税政策――経済中立から脱炭素社会実現へ

租税政策は、政府固有の伝統的な役割である。日本では、経済に対し中立的な租税が望ましいとされてきた。経済中立的とは、担税力に応じて税を徴収し、徴税の結果が経済の姿を変えない、といった意味合いだ。

特定の活動に強い税を掛け、その活動が低迷すると税源がなくなる。これでは税にはならない。伝統的な租税観では、税収はどこから徴収されたかにかかわらず、国家の必要に応じて随意に配分し使用する。

しかし、脱炭素は、このような伝統的な租税観、租税政策に大きな変革を迫っている。第4章でCPについて詳述したが、最初は北欧諸国のような、いわば環境オタクな国が始め、今では、独仏英といった欧州の大国も活用している炭素税などの環境税が効果を実証しているからである。

詳しくは第4章を参照していただきたいが、税源となる化石燃料（炭素）の使用を減らすのが税の目的なのであって、経済の姿を変えるための手段としての税なのである。税を使って炭素に多少の意地悪をしようということではなく、積極的な炭素減らしなのである。

炭素価格（化石燃料の価格）に税を使って介入するのが経済の論理に叶うと目される理由は、炭素の価格は、単に掘削・輸送費を反映するだけであって、炭素を使用することによって社会に生じている被害の費用を織り込んでいないからだ。財の使用の対価に見合う価格づけがあってこそ、価格は資源の効率的な配分を媒介できる。

日本の場合、一般に、理論の教えに忠実な政策の実施は難行する。「現実を見れば劇薬であり、配慮が必要だ」という論調が優先される傾向がある。

筆者は30年以上、現役官僚としても20年以上、この炭素税（環境税）の旗を振ってきたが、環境税のアイデアが「産業構造に政府が介入するべきではない」という現実主義に苦戦するところを見続けてきた。地球温暖化対策税がCO_2の1トンの排出量当たり289円にとどまっており、第4章で述べたようにフランスの炭素税と比較するとわずか20分の1の税率に過ぎない。しかし保守的な日本の租税政策思想に風穴が開いたことは間違いない。

脱炭素が進んでいく日本では、税も含め、炭素使用に伴う経済的な負担が、同じ道を先に歩んでいる欧州並みに高まっていくことは確実である。その詳細は第4章で述べたとおりである。

金融政策――資金調達に脱炭素のルール

政府は、金融のルールづくりやその他の経済活動に関するルールセッティングを通じて、各ステークホルダーの行動に介入し、経済全体が良いものになるように導ける。この面での政府活動は、脱炭素の時代にはどうなっていくのだろうか。

金融庁だけでなく、中央銀行や年金積立金管理運用独立行政法人（ＧＰＩＦ、国民年金と厚生年金保険の資産、合計約130兆円を運用している世界最大規模の投資機関）を含めて、広い意味での政府と見ると、これら機関は、近年極めて積極的に脱炭素化にコミットしている。

金融庁は、2017年5月には、日本版スチュワードシップ・コードについて、資金提供者と資金を使う企業との間に立つ機関投資家が適切に行動するための指針が時代の要請に一層適合するものとなるよう改訂を行った。具体的には、ESG（環境・社会・企業統治）の考えを組み入れることを明記した。さらに、持続可能な社会の実現を支援するサスティナブル・ファイナンスに関する有識者会議で2021年6月に、そのガイドラインなどをまとめた報告書を公表した。今後、ESGを謳う投資信託の実態調査などを行って、投資家保護と金融商品の品質維持を図る構えである。

金融庁はこれまで金融機関各社の経営の健全性チェックを行ってきたが、その範囲が社会全体の運営を健全に支えることに役立っているかにまで及ぶことになったと見ることもできよう。

日本銀行は、2021年7月、市中銀行がグリーンな資金供給をする際に、金利ゼロで、当該銀行へのバックファイナンスを行う方針を発表した。外国の中銀では、市中から買い入れる債券などの選定に当たってESGの観点から選別する、といった行動をしているところもあり、日銀の動きは今後も目が離せない。

GPIFは、国連が2005年に定めた「責任投資原則」（PRI。ESGを投資判断に組み入れることを求める内容）へ15年に署名し、この考えを実際の資金運用行動に活かしている。

投資先企業が長期的に企業価値を高めていくことができるかを重視し、ＥＳＧ指数の考え方を適用し、その指数での評価の高い企業の株式の購入増加などのポジティブ・スクリーニングをしつつ資金運用をしている。

こうした方向は、脱炭素が世界中で進められていくなかで一層顕著になっていくのは、確実である。脱炭素を含むＥＳＧに貢献するものでないと資金融通を受けられない、という世界が登場する可能性が高い。この分野の政府行動の変容は、経済活動の変化に強力な影響を与えることが確実である。

環境政策――エネルギー政策との融合に課題

政府の活動分野の最後に環境を取り上げよう。環境政策も脱炭素で大きく変わる。狭義の環境政策、すなわち、主目的が環境保護に置かれるものは、環境省によって所管されている。環境省は、福島の放射能汚染事故を契機に、商用原子炉の規制や除染の業務を担当することとなり、人員も予算も飛躍的に増えているが、放射能汚染関係を除いて見ると、１５００人程度、予算規模は３０００億円程度と霞が関では最も小さな官庁と言えよう。

沿革的には、環境庁として１９７０年の発足以来２０００年までは、政府各省の分担する環境関連政策の総合調整を担当する役所という位置づけであったが、故橋本龍太郎首相の進めた中央省庁改革で、環境保全という独立した行政分野を所管する省としての位置づけになった。

この環境省が中心になって今日進められている環境政策も、脱炭素の動きのなかでさらに変わっていくものと予想される。

それは、地球温暖化対策のために行われている相当数の政策が、元来別目的の政策として発展してきたものであって、温暖化対策として十分に活用できていないことは、冒頭に述べたとおりである。端的に言えば、欧州諸国におけるように、環境政策とエネルギー政策とが統合的に運用されておらず、全体としては欧州諸国に見劣りするパフォーマンスしか上げ得ていない。河野行政改革担当相（規制改革担当相を兼務、当時）が、地球温暖化対策の足かせになる石炭火力発電所の見直しを迫っても、その温存が図られる、といったことにみられるように地球温暖化政策の切れ味が悪い。

筆者は、現役行政官時代には、エネルギー政策の目的に環境保全をきちんと明示し、環境を守る責任を果たす仕組みにして欲しいと要請する機会を何度も持ったが、意見が採用されたことはほとんどなかった。

今後とも、エネルギー政策はあくまで環境、経済、安全保障の3つの価値を経済産業省が総合的・裁量的に判断して進めるということであれば、これら政策の内容は脱炭素目標を達成するように定められるべき旨の規定を地球温暖化対策推進法のなかで設ける必要があると考える。エネルギー消費量でなく、CO_2排出量自体を減らす規定を環境法（例えば大気汚染防止法）に設け、エネルギー政策上の規制と相まって脱炭素目標を達成するのに必要十分なCO_2規制の措置を環境省は講ずることができる規定を置くのもよいだろう。

いずれにせよ、2030年度までにCO_2排出量の46～50％削減、50年脱炭素という目標が定まった以上、その達成手段も強化される必要があり、炭素税などの経済的な措置の導入も不可避になるであろう。

欧州諸国の先進例を見ると、経済的な措置としては、排出量取引と炭素税が併用されている。このポリシーミックスは、第4章で見たように、環境保全のための総支払額を減らせる可能性がある。温暖化対策法においても、この排出量取引を導入する基礎工事を進めるべきである。具体的には、既存の京都クレジットの取り扱いに関する条文の手直しのほか、現在は、単なる訓示的な努力規定になっている、大排出事業者の温室効果ガス削減計画の策定を義務規定化するなどが考えられる。

強化されるべきは、規制というムチの政策だけでなく、脱炭素の役割を果たすことを奨励する措置も同様である。日本では、ごく低率の炭素税（温暖化対策税）の税収がエネルギー特別会計に繰り入れられ、様々な省エネ事業や創エネ事業、蓄エネ事業に支援が行われている。その内容としては、特定の先進的な技術を用いれば自治体事業なら3分の2、民間なら3分の1を補助する、といったことが通例である。

しかし、いろいろな問題が既に指摘されている。特定の技術を使わないと支援されない。予算の執行には時間がかかり、補助対象の募集があり、審査があって、給付が決まるのは秋口で、年度末までに消化しないとならない、といった具合で、使いにくいものになっている。補助金を、一層使いやすい交付金に変えるといった制度改正が企画されているようで、歓迎したい。

さらに言えば、採用する技術などは制限せず、通常よりもCO_2排出量が減れば、その減った量に応じた金額の資金移転を受ける（第4章で紹介したピグーの補助金）、といった仕組みの方が、自由度は高く、新技術に挑戦する工夫を生む。

また第5章の国民生活で論じた箇所で見たように、脱炭素社会において期待される行動と、現実に可能な行動とはまだギャップがありそうである。国民生活を規制ばかりで変えることはできないので、大胆な財政的な支援策、誘導策が必要になろう。一軒の家でリノベーションをしようとすれば200万円、300万円はかかる。本当の意味でのZEH（ゼロエミッション・ハウス）の建設には、通常の家の建築費に加えて500万円以上の資金が必要だ。それに比べると、現行の住宅投資所得税減税などは、地域制限もあるうえ、幅も魅力的でない。ずばり地域制限なしの税額控除などがあってもいいように思われる。

国民が選ぶ、実務的でグリーンな政府の誕生がカギ

政府の役割が脱炭素を進めるためにどう変わっていくかを、役割の種別を分けてこれまで予測してきた。けれども若干の不安がある。政府の各部署を指揮監督するのは政治家である。脱炭素に見識を持つ政治家もいるが、必ずしも多数派ではない。

国の政治家を選ぶ選挙は、衆議院の場合は、基本は小選挙区での選挙である。そうすると、小選挙区で立候補する政治家はどうしても様々な政策を並べ立てるデパート化しやすく、環境に強い見識があることがかえって当選を危うくする恐れも出てくる。ドイツの場合には、キリスト教民主・社会同盟（ＣＤＵ）と社民党（ＳＰＤ）の2大政党に伍して緑の党が議席を得てキャスティングボードを握り、連立政権を組む形で、国全体の脱炭素の舵取りをすることになるだろうと予測されているが、日本の場合は、そうした環境専門の政治家は育っていない。

選挙民は、どの党の候補者であれ、脱炭素ができる見識がある方なのかを見極めて投票して欲しいと思う次第である。

中選挙区、大選挙区での選挙が常態の地方の選挙では、環境に強い議員や首長を直接に選ぶこともできる。１９６０年代の公害列島時代には、東京、大阪などで環境問題が争点になり、選挙の結果、環境保全に重きを置く政治家が続々と首長に選出された。このことが、当時の中央政府が、環境保全に舵を切る大きな背景となった。脱炭素も地方自治体の選挙を通じて弾みがつくのではないかと思う。

今後、気候災害がますます苛酷になり、コロナ禍のように喫緊の課題と考えるようになると、環境を重要視する人は、投票に行くことになるのではないだろうか。投票行動こそが、脱炭素を支える政治への変革に対する一番の力である。

第7章 協調——世界的協力の必要性と可能性

人類の経済社会システムは、地球の隅々まで広がっている。地球環境の保全には、人類社会全体の参画を図る必要がある。第7章では、気候の変化に立ち向かう経済社会のステークホルダーを、一国を超えて各国の国民、企業、政府、そして国際的な組織へと広げて考え、脱炭素を国際的な競争・協力の枠組みを活用しながら効果的に進めていく可能性と問題点を検討する。それらを踏まえ、一層効果的な地球環境保全に国際社会が協力できるよう今から取り組んでいくべき諸点を論じてみたい。

国際社会が学んできた地球環境保全政策の形成への教訓

筆者（小林光）はかつて担当官として、砂漠化対処条約、オゾン層保護のためのモントリオール議定書、気候変動枠組み条約の京都議定書などをまとめるための国内外の交渉や調整、これら国際環境政策の国内執行に係わった。そうした体験、見聞から、地球環境政策は、どんな知恵を取り入れることで発展してきたのかを振りかえってみよう。

(1)科学的理解を各国共通にして、科学に忠実な対応を促す

国境を超える大気汚染問題として古典的な例は酸性雨である。1960年代後半から北欧諸国の亜寒帯林やドイツの黒い森（シュバルツバルト）で木の枯死や湖の酸性化と魚類の減少などが目立ってきた。歴史的な建造物の表面が溶解してしまう、といった被害も生じてきた。

この問題を、1969年に、欧州の西側先進国、中立国がこぞって参加するOECD（経済開発協力機構）が取り上げ、議論を始めた。その動きが実を結び、1972年には、当時の西側11カ国が参加して「大気汚染物質長距離移動計測共同技術計画」が決定され、統一された測定方法での酸性雨の観測が始まった。

さらに同年には、酸性雨被害に悩むスウェーデンが、国連に働きかけ、史上初めての国連規模の環境をテーマとした大会議を誘致、開催し、酸性雨問題は広く世界に知られるところとなった。国連人間環境会議（ストックホルム会議）である。ちなみに、この会議が、その後、10年、20年の節目ごとに環境をテーマにした大規模な国連会議が開かれる嚆矢となった。

このような国際的な動きのなかで、欧州をカバーする酸性物質の降下量のモニタリングネットワークが整備され、発生源から出された汚染物質の移流、拡散そして大気中での酸化反応、降雨への取り込みと地表への降下のプロセスを再現するシミュレーションモデルも開発された。これらにより、汚染物質の環境への「出」と人間社会への「入り」の関係が、欧州西側全体に

ついて明らかにされた。

並行して、国連欧州経済委員会のイニシアチブの下、対策を進める条約づくりも始まり、1979年に「長距離越境大気汚染条約」が結ばれて対策実施の土台がつくられた。

1985年に至り、モニタリング網やシミュレーションで蓄積されていったファクトを踏まえ、まずは、硫黄酸化物の排出の制限を各国に義務付けるヘルシンキ議定書が採択され、国際的な大気汚染の改善を目的とした国際的に共通の環境対策が始められた。次いで、もう一つの酸性雨原因物質である窒素酸化物の国際的な排出削減を図るソフィア議定書が88年に採択された。さらに一層精緻に各国別に排出削減割合を規定するオスロ議定書が94年に結ばれ、以降、欧州での酸性降下物量は大いに改善されていった。

同様のプロセスが、加害国が米国、被害国がカナダとして、北米でも進んだ。1980年には、米国が、全国酸性降下物調査計画を決定して、科学的なモニタリングを開始し、91年には越境酸性雨被害拡大防止の二国間協定が結ばれ、具体的な発生源対策として、米国内では、第4章で紹介した硫黄酸化物の排出量取引による削減対策が始められた。

このように、国境を超えて起こる環境問題に関しては、その因果関係についての共通の理解を醸成することが欠かせない。現象はフェイクだ、とか、因果関係は別にある、などと各国が主張していたら解決はそもそもできない。酸性雨問題は、モニタリングとシミュレーションが国際環境対策の不可欠の基礎であることを我々に教訓として残したと言えよう。

地球温暖化対策に関して言えば、科学的な基礎づくりは、政治の駆け引きから離れた科学者の組織、ＩＰＣＣ（Intergovernmental Panel on Climate Change）が担っている。このような組織をつくり出したのも、人類が経験に学んだ結果である。２０２１年夏に出された第６次評価レポートの第１部は、モニタリングやシミュレーションの今日最善の成果の集大成。是非、真摯に受け止めてほしいものである。

(2)ステップ・バイ・ステップ

将来に向けて大きな知恵を提供した点では、オゾン層保護対策が極めて重要である。フロン使用量の削減という実効に直結する対策は、モントリオール議定書を基礎にしている。同議定書は、オゾン層保護に関するウィーン条約（１９８５年採択）の「子ども」であって、何度も改正されて内容を厳しく網羅的なものへと充実させてきた。前述した長距離越境大気汚染条約においても、ヘルシンキ議定書など累次の議定書が対策の深掘りをしていったのであり、それと同様である。

両条約は、対策の中身ではなく、むしろ、対策の目的や考え方などを定めるのみで、条約上実際に行うべき対策は協力した科学的研究などに限られており、原因物質の削減対策といった実効ある、しかし合意に手間取る対策の書き込みは、議定書に譲っている。

その背景として、仮に、問題を十分解決できるだけの対策を条約本文に盛り込もうとすると、外交交渉が細をうがつ極めて長期間のものになる恐れがある。他方、少しでも対策が始まれば、対策の障害も徐々に克服されていくことも多い。そこで条約には、対策の目的や原則などを書き、各国が合意をすれば原因物質の削減対策を実施する、といった段取りが書かれる。

注目すべきは、オゾン層保護のウィーン条約の条文の書きぶりである。条約では、加盟国の義務は、オゾン層が果たして破壊されるのか、破壊されるとすれば何によるのかなどを科学的に調査研究することと定めているのである。こうした科学的な研究で原因物質が特定できたら、その制限のために新たな議定書をつくって国際的に協調した対策をとることにしようという段取りが書かれている。そこには、フロンの名前すら出てこない。本当に外交官冥利の文章だな、と筆者は思ったものである。

しかし、このような内容は、条約を結ばなくとも自明なので、当時の日本政府は実のない条約と考え、当初は加入しなかった。それが急転直下、フロンの規制へ世界が轡（くつわ）をそろえたのは、一つには条約採択と同じ1985年の末、南極オゾンホールが発見されたことにあった。未来のことと思っていたオゾン層破壊が始まっていたのである。同じころ、米国のデュポン社はフロンの代替物質の開発に成功した。

このようなことを背景に、フロンの使用量を国際的に規制するモントリオール議定書が、条約採択後わずか2年の交渉で、結ばれることとなった。日本は、慌てて議定書と同時に親のウィーン条約にも加入した。

その後、モントリオール議定書の内容は、1990年、92年、97年、99年そして2016年と5回にわたって強化された。オゾン層を破壊する新たな化学品の規制対象への追加や代替品の開発に伴うオゾン層破壊化学品の製造や使用の制限スケジュール、要は廃止に向けた強化がその中身である。

この累次の改正の結果、当初問題になったフロン類は先進国においては1996年に製造や輸出入の全廃、その代替品として登場したHCFC類（フロンの塩素の一部を水素で置き換えたもの）についても、オゾン層を破壊するので、これらも先進国では2020年までに製造や輸出入が全廃された。

このような国際的な規制強化によって、成層圏のオゾン層破壊物質（フロンが紫外線で分解されて生じる塩素化合物）の濃度は減少しつつあり、将来におけるオゾン層の回復も予想されている。

オゾン層破壊による実際の健康被害、あるいは農作物や生態系への被害は未然に回避されるものと期待され、モントリオール議定書が、早めに実行可能な形でオゾン層を破壊する化学品の製造等を規制していった取り組みは、地球環境破壊の未然防止対策の模範例とされている。親条約と子どもの議定書の関係、そして科学や技術の進歩を反映した議定書の内容の段階的な進化の過程には、多くの学ぶべき教訓が含まれている。

地球温暖化対策においても、親になる1992年の条約が、名称としてわざわざ気候変動〝枠組条約〟を採用していること、京都議定書（97年）、そしてパリ協定（2015年）といった具合に、対策の内容が進化していったことも、オゾン層保護から学んだものと言えよう。

枠組条約では、条約の目的として「温室効果ガスの濃度を地球の気候系に危険な人為的な悪影響が生じない水準に安定化すること」を定めているが、危険となる水準は、具体的には明らかにされていない。しかし四半世紀後のパリ協定では、条約採択以来の科学的な知見の進歩を踏まえ、「全球平均気温の工業化以前比で2℃上昇以下に抑えること、並びに1・5℃上昇までで制限することに努める」ことを協定の目標として条文化できている。ステップ・バイ・ステップの一例である。

ちなみに、トランプ前米国大統領は、パリ協定から離脱したが、枠組条約から離脱するまでの選択はしていない。段階的なアプローチの持つ、バックストップ効果とでも言えるだろうか。

(3)国際経済への配慮（貿易とのリンク、途上国の支援など）

モントリオール議定書の成功は、実は、科学・技術の進歩とのタイアップだけにもとづくものではない。国際経済の現実にうまく掉さしたことも成功の秘訣と言えよう。

2点が指摘できる。一つは、第4条第4項の規定である。議定書締約国でない国との貿易に関し、本条約が規制する物質を用いて生産された製品の輸入の禁止または制限を条約締約国会議が決定した場合は、それに異議がなければ、各締約国は、決定のとおり、輸入を禁止し、または制限を行わなければならない旨を、義務付けている。

例えば、当時は半導体回路の洗浄にフロンを使っていたが、その半導体を組み込んだ製品を、非締約国であれば即座に締約国に輸出できなくなる事態も考えられた。日本が直ちにモントリオール議定書に加入した背景には、この条項がある。

第二に、モントリオール議定書は、途上国の締約国には、先進国よりも遅いペースでの生産停止や使用の停止を認めている。先進国とのタイムラグは、典型的なフロン類については15年間であったが、代替フロン類（ＨＣＦＣ）については、さらに短くなって10年の猶予を与える国際約束になっている。

同議定書は、フロン類の使用廃絶が難しい途上国に対し、代替品の利用技術を移転する資金支援の仕組みも定めており、そうした規定にもとづき、多くの先進国が資金を拠出する多国間基金が設けられている。

途上国に課される義務と先進国に課される義務を差別化する環境国際条約は多い。国際社会全体の参画を確保するために有効な仕組みと思われる。こうした考えの原則的な表現が、１９９２年の地球サミットで採択された「環境と開発に関するリオ宣言」の第7原則にある「共通だが差異ある責任」である。

地球温暖化対策でも、同じ１９９２年採択の枠組条約（同条約への各国の署名は、リオの地球サミット会場で行われた）では、全締約国に課される義務（排出量を把握し、計画的に対策に取り組む）と先進国である締約国に課される義務（90年の排出量水準に戻すとの意図を持って対策を行い、その取り組み内容を国際的に透明な形でチェックを受ける）とを書き分けている。その上に立ち、数量的に国別許容排出量を規定した97年の京都議定書は、先進国のみを規制した。

途上国の事情への配慮も、国際経済のリアリティにもとづく重要な仕掛けであるが、非締約国との貿易について環境保全を理由にして制限することを義務の内容に積極的に盛り込むことによって、国際約束に加盟する締約国の利益を確保する（同時に、国際約束自らのヘゲモニーを確保しようとする）タイプの国際条約は、環境分野ではフロン規制の他には野生動物の貿易制限をするワシントン条約の例など限られている。

ただし任意で主権国家が加盟できる国際約束のなかで自主的に貿易制限を行うことは、GATT／WTOのルールをオーバーライトしており、抵触するものではない。今後の国際環境条約でこうした条項が登場することは、十分に考えられる。

モントリオール議定書の切り開いた地平を他でも活用すべきではないだろうか。第4章で見たカーボンプライシングに係る国境税調整が、枠組条約締約国会議決定などに登場すれば、国際ルール上疑義ない形で、カーボンプライシングに係わる国境調整が可能になる。このことが、厳しい国内対策を実行する有効な基礎となるだろう。

地球環境を守るという人類共通の切迫した必要性に応えるため、地球環境保全の約束が、それ以外の切迫していない各国の利益（例えば経済的な利害）を棚上げできる仕組みがあっても良いように思う。この点で、教訓を提供するのは、南極条約やこれにもとづく環境保護議定書の例である。南極の環境保全や科学的な研究などのために各国の領土権の主張は凍結されている。

(4)国際的なピアレビューによる透明性確保

法的ルールは守られないと意味がない。では国境を越えて違法を摘発できる警察官、司法職員がいない国際社会では、どうやって遵法を確保するのだろうか。国際環境法の場合の知恵は、約束実行状態のピアレビュー（第三者チェック、極端には国際査察）を行うことである。

この点で一歩を刻んだのは、1992年の気候変動枠組み条約であって、先進締約国については、定期的に、講じた対策やその成果たる各種温室効果ガスの排出量に関してレポートを公表すること、その内容の正確さに関し国際的なピアレビューを受けることを義務としていた。今後の国際条約の遵法性の確保の基礎は、こうした透明な国際的な専門家によるチェックであろう。

しかしレビューの枠組み、チェックポイント、個別の数値が分からない場合のデフォルトの設定など、客観的で公平なレビューのためには準備すべきことが多々ある。そのようなマニュアル類の整備や国際的にチェックに赴く専門家の確保と併せて、レビューの仕組みの一層の発展が望まれる。

(5)あらゆる排出源、関係物質を網羅する周到なルールづくり

地球環境を守る国際約束は、国ごとに異なる原因行為の種別、汚染物質の種類、発生源の状況などに柔軟に対応できるものでなくてはならない。ある国では、ある特定の環境破壊物質が

破壊の原因のほとんどを占めるかもしれないが、別の国では、別の物質の影響が重要かもしれない。様々な要因が、地球環境を悪くすることにどのように結びついているかを客観的に明らかにしたうえで、その全体を合理的に減らしていくことが奨励され、負荷削減の努力が正当に報われるルールを設計することが良い対応策となる。

この意味での模範は、1997年採択の京都議定書であろう。結局加わることができなかったクリントン政権下の米国ではあるが、京都議定書が優れた環境国際約束となることに関して、合意形成過程で大きな役割を果たした。

当時の米国は、コンプリヘンシヴ・アプローチと称して、地球温暖化を進めてしまうあらゆる原因、その進行を抑制できるあらゆる要因を京都議定書がカバーすることになるように、影響力を行使していた。

その動機は、筆者の理解するところでは、米国内で対策実施を、ある者は免れ、ある者はその分余計に大きな義務を背負わされる、といった政治的にややこしい事態を避けたい、というところにあったように思う。

米国の努力の結果、いろいろな種類の温室効果ガスを、赤外線を通さないという尺度でCO_2に換算して合算する仕組み、森林等での吸収量を控除する仕組みなどが同議定書には導入されている。良い国際約束は、地球環境に及ぼす良い影響を奨励し、悪い影響を抑制するうえで合理的な内容となっている必要がある。

⑹拘束的な負荷削減目標の割り当て、その功罪

カーボンプライシングを扱った第4章でも紹介したが、環境を守るルールとしては、環境を壊さない人為の環境負荷の総量を決め、環境利用をする行為者に配分し、その配分された枠を遵守させるという、数量政策が大いにあり得る。

環境利用枠（汚染物質であれば排出量の上限）を配分するタイプの国際条約は、決して少なくはない。公海での漁獲量の割り当てなどで長い歴史があるルールである。狭い意味での環境の分野では、本章でも紹介した長距離越境大気汚染条約の1994年のオスロ議定書があり、この約束は、各国の硫黄酸化物排出量に関して割り当てている。

さらに広く先進国をすべてカバーして各国別の許容環境負荷量の割り当てを行ったのが、京都議定書である。各国の割り当ては“Quantified Emission Limitation or Reduction Commitment”と表記された。

この議定書では、先進国全体の温室効果ガス排出量を2008年から12年までの5年間に、1990年のレベルから、5％以上削減することを大きな目的にして、議定書の付属文書において各国別に異なった削減率を定めている。EUについては90年比8％削減、米国は7％、日本は6％といった具合であった。

この仕組みには、各国別の義務が明白になる利点がある。筆者は、京都議定書の内外の交渉の環境サイドの担当官であったが、最終日、同議定書の付属文書Bに、39もの国名が割り当て

られた排出量（1990年を100とする比率）とともにずらっと並んでいるのを見て感慨深いものがあった。

他方、各国個々に排出量を割り当ててしまう国際約束の問題点も、明らかになった。交渉各国が国内の加入手続きを重いものにしてしまうことだ。京都議定書に関し、当時のクリントン大統領、ゴア副大統領の民主党政権は地球温暖化対策に熱心だった。しかし米国に義務を課する国際条約に米国が参加するには、上院の賛同が不可欠であった。

上院は、京都での気候変動枠組条約第3回締約国会議（COP3）の前、7月に中国などの主要排出国に排出削減の義務を課さず、先進国のみが削減義務を負う国際約束には米国は加入すべきでないという決議を満場一致で議決（共和党が定数100名のうち55名を擁していた）していた。1995年以来、先進国による第一歩の削減を目指すこととして交渉が進んでいた議定書では、上院の批准を得られないのは明らかであった。

COP3では、米国の国内事情を知っていた先進国は、COP3冒頭の議題セットにおいて、次の議定書は途上国も含め全締約国が削減に向けた行動を取ることを約束内容とするものとして検討する、という交渉の予約切符のような決議案を議題の一つに入れることを提案した。しかし提案は、途上国側から「先進国による率先行動の内容も決まっていないのにその先の予約などできない」という反発を呼び、会議全体が1週間も空転した。

先進国側は、次の外交交渉のスケジューリングは諦め、先進国だけの義務を定める国際約束の交渉に専念せざるを得なくなり、採択されたのが京都議定書になる。

予想通り、クリントン政権は上院に京都議定書を付議することができず、民主党は大統領選に負け、共和党のブッシュ大統領（1992年の枠組み条約採択時点のブッシュ大統領の子息）が誕生し、京都議定書への非加入が決定された。

ただCOP3では、米国の加入が不可能であることは見越されており、京都議定書の発効要件は、義務を課される先進国の合計排出量の55％を占めることになる国々が加入をすれば、この削減約束が効力を持つこととして定められた。米国が未加入でも、温暖化防止に進むために、最も低い発効のハードルを意図的に採用した。せめてもの知恵とも言えよう。

この過程に見るように、地球を守る取り決め内容の実効性が高くとも、参加各国の国内での政治的な合意形成が難しいような環境完璧主義は、かえって実行を損ねる可能性がある。最大限の国々の参加を確保しつつ、環境保全効果を最大化する工夫こそが極めて重要だと、各国の交渉者は学び、後述のとおり、パリ協定に結実している。

(7)途上国への配慮、削減クレジットの貿易と途上国への資金移転、技術移転

先進国を取り逃がさないことはとても重要だが、途上国の参加も欠かせない。先進国だけが地球環境保全をしていれば、汚染的な工場は、義務を課されない途上国へ移転して地球を汚染し続けることが可能になる。こうした事態は是非とも避けたい。

これまでの地球環境保全の各種の国際約束では、必ずと言ってもいいほど、対策技術の途上国への移転の仕組みが設けられている。途上国を国際約束のメンバーに取り込むにはなくてはならない仕組みである。

国際環境約束をめぐる外交交渉で必ずテーマになるのが、先進的な環境保全技術の譲許的な条件での途上国への移転である。極端には、特許権を無償開放せよ、といった議論もなされる。途上国で、世界水準の厳しさで環境保全的な開発プロジェクトを行えるようにするため、普通のプロジェクト以上に負担が重くなる費用は国際的に補助をして欲しい、という議論もよく聞く。

途上国におけるこうしたニーズを充足するため、地球を守るための追加的な費用（インクレメンタル・コスト）を補填することを目的に、地球環境ファシリティ（GEF）というファンドが国連の下に設けられた。途上国に対し新しい取り組みを求めるにつれて、このファンドの増資が行われている。

さらに京都議定書では、凝った仕組みも設けられた。それはCDM（Clean Development Mechanism）である。COP3の開幕の間近に米国とブラジルが合意して世界に提案した仕組みである。この仕組みは、途上国において商業ベースでは採算が取れないような低CO_2排出型の開発プロジェクトを行った場合、通常のプロジェクトであったなら排出したであろうCO_2排出量との差を、プロジェクトベースの削減クレジットとして国際的に販売できるようにするものである。

途上国の場合、割り当てられる温室効果ガスの総量がないので、そこからの削減量としては定義できないため、ベースラインを通常の開発プロジェクトにしている。京都議定書の先進国の義務を達成するうえでこのCDMによる削減クレジットは算入できるとされたため、途上国では多くのCDMプロジェクトが実施された。

多くは、プロジェクト開発の初期段階から先進国の企業が参加し、国際的に認定された削減クレジットは、その企業が一次取得し、当該企業が立地する先進国内で転売されるケースが多かった。

中身的には、中国におけるフロン破壊プロジェクトが多かった（モントリオール議定書は、フロンの生産量を制限しているが、合法的に生産されたものの大気への放出は違法ではなく、破壊による放出回避は、追加的な削減クレジットを組成できる）。このためCDMを「Chinese Development Mechanism」と揶揄する向きもあったほどだ。

途上国の環境対策実施の隘路をなくすための国際的な支援の仕掛けづくりは、今後も新たな知恵を求められる分野であり、新たなビジネスチャンスを提供し続けよう。パリ協定の第6条は、京都議定書上のCDMと同種の削減クレジットの国際貿易の根拠となる条項であって、実施の細則が決まらないのは残念である。日本にとって途上国で発生した削減クレジットに投資ができることは、日本が持つ先進的な環境技術を途上国に買ってもらうことをファイナンスする有力な手段になる。京都議定書におけるCDMの仕組み同様、パリ協定の第6条にもとづく仕組みの細目決定には目が離せない。

パリ協定が世界をうまくつなぐために

地球環境保全のために一層有効な国際約束の在り方については、以上のように、国際社会は学習を積み重ねてきた。その現時点での集大成がパリ協定だ。そこには長所だけでなく短所もある。以下では、長短両所を論じ、国際政策の今後の改善策を考察する。

(1)パリ協定の長所と短所――包摂性と目標達成にトレードオフ

環境対策を定める国際約束の意義、メリットは、本質的には各国が進んでは取り組みたくない地球環境保全に関し「赤信号、皆で渡れば怖くない」といった状況を生み出すことにある。嫌なものであれ真面目に義務を果たす主体が報われるようにするところにある。

その他、様々な定義や計算の方法などを標準化することによって、個々の国の努力を合理化節約する利点もある。途上国にとっては、最善の知見が安い費用で提供を受けられる仕組みでもある。国際的ルールが提供するこうした一般的なサービスに加え、パリ協定には、これまで見てきた、今までの経験にもとづく学習結果が詰まっている(図表7-1)。

パリ協定は煎じ詰めて見ると、1992年の気候変動枠組条約が先進国に課した義務を、途上国をカバーするものに広げた仕組みだ。本質的な義務は、自国ならではの削減目標をつくり、その達成に向けて計画的な努力をし、その過程を国際的に透明にする、といったことにあって、

パリ協定の実施ルールを採択したCOP24の会場（ポーランド・カトウィツェ）
（写真提供　ロイター＝共同）

枠組条約が先進国に課した義務と同様のものである。

目標の設定も、その達成の方途も、主権国家の裁量に委ねられている。パリ協定上の各国の独自目標は、“Nationally Determined Contribution”と表記されていて、各国が決めるものであることが字面でも分かる工夫がしてあり、京都議定書では“Commitment”と表記されていたことに比べ「貢献」ということで義務色もなくなっている。

京都議定書と比較すると、いかにも「だらしない」ルールである。COP3で会議が1週間止まった原因をこうした「だらしないルール」によって克服した。背景には米国を取りこぼしてしまった苦い経験がある。

加盟国が国際的に果たさないとならない義務を隅々まで国際交渉で決めたのが京都議定書だ

図表 7−1　パリ協定の主な仕組み

条項	内容
【第2条、3条】 目的	・産業革命前比で2℃より十分低い上昇幅にとどめるとともに1.5℃に抑えるように努めるなどにより気候変動の脅威への世界的な対応を強化する
【第4条】 排出削減のための取り組み	・締約国は、目的を達成するよう、21世紀後半に温室効果ガスの人為的な排出と吸収源による除去が均衡するよう、最新の科学に従い早期の削減を行うことを旨とする ・締約国はNDC（自国の決定した貢献）を作成、提出するとともに、その達成のための国内措置を取るものとする ・更新していくNDCでは、各国の事情、能力を反映し、従前のものより前進した、高い野心を反映するものとする ・先進締約国は、（京都議定書におけるのと同様な）排出量の削減目標を持つべきである ・開発途上国である締約国は、継続的に削減努力を高め、排出量の削減または抑制の目標を持つことが奨励される ・NDCでは、明快、透明で理解に必要な情報を提供するものとする ・NDCは5年ごとに提出する ・締約国は長期にわたる温室効果ガス低排出発展戦略を作成し、提出するよう努めるものとする
【第5条】 吸収源	・締約国は、吸収源の保全や強化のための措置を取るものとする ・締約国は、途上国における森林減少や劣化を防ぐ取り組みの実施や支援を、別に定める指針等に従って行うよう奨励されている
【第6条】 市場メカニズム	・締約国は、削減クレジットの国際移転を活用する場合は、締役国会議が採択する指針に従い、持続可能な開発の促進効果、環境保全上の効果、透明性、ダブルカウントの回避等を確保する ・削減クレジットの活用はこれに参加する締約国の承認を要する ・持続可能な開発を支援するメカニズムを設立する ・一国でNDCの達成に使用した削減クレジットは他の国では使用できないものとする
【第7条】 気候変動による悪影響の未然防止（適応）	・締約国は、気候変動への適応に関する各種行動を推進するための協力を強化するものとする ・締約国は、適切な場合、適応計画の立案、実施などに取り組むこととする ・途上国である締約国には、本条の実施のための継続的な支援が与えられるものとする
【第8条】 気候変動で生じた損失や損害への対応	・締約国は、適切な場合は、気候変動で生じた損害等に対処等するための理解の増進、対処のための支援などを強化するものとする
【第9条】　資金	・先進締約国は、途上国における排出削減と適応を支援するための資金を提供するものとする ・先進国以外の締約国も自主的な資金の提供が奨励されている ・気候対策関連資金の動員に当たっては従前のレベルを超えた前進を示すべき ・先進締約国は資金提供に関する情報を2年ごとに更新して提出するものとする
【第10条】 技術の開発と移転	・技術開発及び移転のための協調的な行動を強化するための支援が開発途上国に提供されるものとする
【第11条、12条】 キャパシティ・ビルディング	・先進締約国は、開発途上締約国における能力開発の取り組みへの支援を強化するものとする
【第13条】 透明性の確保	・締約国は、それぞれのNDCの実施や達成に向けた前進を測定できるような必要な情報を定期的に提供することとする ・提出された情報は専門家によるレビューを受けることとする ・透明性の一層の確保のための措置につき、締約国会合は指針を採択する
【第14条】 世界全体の実施の評価（グローバル・ストックテイキング）	・締約国会議はこの協定の目的を達成するため、その全体的な実施状況を定期的に確認するものとする ・前項の確認は、最初のものは2023年に、その後は5年ごとに行うものとする ・この確認の結果は、各国のNDC等を更新する際の情報とする
【第15条】 遵守の仕組み	・本協定の遵守の促進のために専門家委員会を設ける。この委員会の機能は、対決的でなく懲罰的でなく、促進的なものとする
【第16条】 発効条件	・本協定の発効条件は、世界排出量の55%以上を占める55カ国以上の国々が締結して30日後とする

（注）要約、日本式の法令用語への意訳は小林光。便宜的な俯瞰図であり、正確には原典を参照されたい

が、国際交渉に当たる政府側と国益中心で意思決定する各国の議会との調整が大変に難しいものになる。パリ協定では、国際的な義務は、手続き的な義務だけにした。どれだけ厳しい対策をするかは、国際約束の内容ではないので、国内議会で国際約束自体の是非を議論する実益はほとんどなくなった。

実際、パリ協定採択時の米国上院は、民主、共和両党が伯仲し、民主党が若干の多数であったが、当時のオバマ政権は上院に諮ることなくパリ協定加入書を寄託した。トランプ大統領は、脱退ができる期限まで待って、これまた上院に諮ることなく脱退した。さらに、バイデン大統領が着任後直ちに協定に再加入したのはよく知られている。

この「だらしのない義務」は、米国の離反を防いだだけでなく、中国やインドといった大排出量の国々の参加を容易にし、所期の効果を発揮した。パリ協定には、実際上全世界が参加することになった。

弱点は何か。この包摂性、柔軟性の裏返しである。産業革命前に比べて2℃の気温上昇、可能であれば1・5℃の上昇に止めようとする大目標と、各国の行動との間には必然的にギャップが生じる。パリ協定の締約国会合（親条約の締約国会議、COPと区別し、MOPと呼ばれる）では、このギャップを埋める算段を「野心の向上」と称し、各国に奨励している。

協定上の仕掛けは、自国の対策計画を更新する際により厳しく改訂することを義務付けている部分だけであって、今後の国際社会の世論といった見張り役がなければ、また各国の選挙民の後押しがなければ、ギャップを埋めることは難しい。

(2)今後に期待される政策と国際社会のルール・メーカーたちの立場

筆者らは、監視体制がしっかりしてさえいれば、パリ協定の目的が成就できるとは思っていない。一国それぞれの国内的な努力だけでは、全世界的な効率性に乏しい。先駆者たらんとする国の国民や企業に過重な負担を生じさせる恐れがある。世界の目標を達成しやすくする国際社会が用いることのできる新たな政策手段が必要だ。

そこで、第4章で見た国境調整の措置を通じて、環境をあえて無視する自由な輸出入に起因する過剰なCO_2排出を抑制することや前述したパリ協定6条にもとづく途上国における削減機会の積極的な投資・開拓を手始めに、将来は世界をカバーする炭素税の導入や排出削減クレジットの取引などが導入されることが期待される。世界をカバーする炭素税の効果については、第4章を参照されたい。

問題は、この提案の合理性不足にあるのではない。合理的なことは分かっていても各国の主権を制限するようなことをどう具体化していくか、ということにある。

1992年の地球サミットの際は、日本に地球環境保全のための新しい世界ファイナンスの起草が託されたが、残念ながら、30年を経た今日の日本にその力はない。頼みは、世界市場をめぐって角を突き合わす米中両大国にかかっている。両国は、地球環境を守る国際社会の経済ルールづくりを引き受け、協調できるだろうか。

地球温暖化などの国際的な協調が必要な問題を分析する際には、ゲーム理論の考え方が用いられることが多い。ゲーム理論の簡単なフレームワークを使って温暖化対策の国際協調のこれまでの経緯と今後の動きを説明する。

ここでは、国際協調の状況を表すのに囚人のジレンマを用いる。囚人のジレンマとは二人の囚人が、合理的な判断の結果として二人にとって最適ではない選択をしてしまう状況を表現するのに用いられる。[1]

地球温暖化問題は、国をまたぐ問題であり**外部不経済**が存在する。大きな被害を受けている国が温室効果ガスを大量に出しているとは限らず、このような状況では、各国は**限界費用均等化**にもとづいて対策を打つことが困難になる。

外部不経済が存在すると、フリーライドが可能となる。他国が厳しい対策を行い温室効果ガスの増加を抑えてくれるならば、自国が温室効果ガスを抑制しなくても悪影響は少なく、温室効果の排出量に対して自国が受ける被害も相対的に少なくなる。加えて、他国の温室効果ガスの抑制状況について、確認することが困難であれば、自国だけが頑張っても他の国々が約束を守らず地球温暖化が進んでしまう可能性がある。

結局、温室効果ガスの抑制よりも経済的な利益を優先した行動を選択するのが、合理的となってしまう。

また、国によって経済発展の程度が異なるため、発展途上国などでは地球温暖化で受ける被害よりも経済発展から受ける恩恵の方が大きい、もしくは生活水準を先進国に近づけることを優先する。この場合も、温暖化対策は選択されないこととなる。

このように各国の置かれた経済状況や地球温暖化が持つ経済学的側面を考慮すると、各国は地球温暖化対策を行うのが望ましいと理解しながらも、温室効果ガスの排出を続けることを選択し、世界全体で望ましくない状況を選択してしまう。これは囚人のジレンマと同じ状態である。

実際のところ、過去の地球温暖化対策についての国際的な協調は、囚人のジレンマ的な状態に阻まれてきた。京都でのＣＯＰ３について見たように、先進国は温暖化対策の必要性を訴えたが、途上国は、地球温暖化は過去の先進国の経済活動によってもたらされたものであり、そ

（1） 二人とも黙秘を続ければ釈放もしくは少ない刑期で済む状況で、どちらかの囚人が司法取引などで自白して釈放されてしまい、残された囚人だけが自白をせずに悪質ということで重い罪をかぶる可能性がある場合、二人とも自白して両者が刑期に服すという結果を選んでしまうことを「囚人のジレンマ」と呼ぶ。二人とも自白して刑期に服すという状況に対して、より好ましい二人とも黙秘して釈放または少ない刑期で済むという状況が存在するため、経済学的には効率的な状態（パレート最適）ではない。しかし、(イ)相手が自白しないならば自分だけ自白して罪を許してもらうことが望ましく、(ロ)相手が自白するならば自分だけ黙秘していると大きな損をするので自白した方がいいとなり、相手の選択にかかわらず黙秘を選ぶインセンティブが存在しない。このように選択される状態をナッシュ均衡と呼ぶ。

の対策を途上国に求めることは発展する権利を阻害するとして、まずは先進国側が対策を行うべきと主張した。

結果として京都議定書採択時点では、発展途上国が将来的に温室効果ガスを削減することの予約は一切なされなかった。それだけではなく先進国の側も一枚岩とは言えず、温室効果ガス排出大国である米国が国内の反発により京都議定書から離脱した。

このように、国際協調にはさまざまな障害が存在するが、囚人のジレンマについては、その解決方法が研究されている。例えば、1回限り（ワンショットのゲーム）であれば、自白し仲間を裏切ることが選ばれるが、刑期を終えた後も付き合いが続く状況などを考えると、報復される[2]可能性があるため自白する可能性は小さくなる。

囚人のジレンマでは個別に尋問され、お互いに相手がどのような状況かを知らないため、相手が自分より先に自白するのではないかと疑心暗鬼になり自白してしまう。二人の囚人が一緒に尋問を受けていれば、お互いに相手の状況がわかるため裏切りづらくなる。

これらの仕掛けに照らしてパリ協定を見ると、定期的に各国の温暖化対策の状況が報告されることとなっている。フリーライドが困難となり、各国が疑心暗鬼となり、間違った選択をする可能性を低下させている。これまでの国際環境条約づくりで学んできた知恵が、協定のなかにしっかりと活かされている。

各国の置かれた状態も変わってきている。米国は前トランプ政権下においてパリ条約を脱退するかで迷走をしたが、バイデン政権下では２０３０年までに新車の半数以上をＥＶ、ＦＣＶとする大統領令が発令されるなど、前向きに取り組んでいる。何も隠し立てするような後ろめたい状況はない（ちなみに、トランプ政権下でも、米国のCO_2排出量は減少した。その削減量は日本をはるかに凌いでいた）。自動車が国際商品であるということは、大きな意味を持つ。欧州各国は、京都議定書以降の一連の流れのなかで温暖化対策を推し進めるだけでなく、国境税調整の導入など他国にもＥＵ域内と同様の対策を求めるようになっている。特にグリーンディーゼルを推進し、大都市での大気汚染が悪化した失敗もあり、欧州委員会は２０３５年にはガソリン、ディーゼル、ＨＶ（ハイブリッド車）、ＰＨＥＶ（プラグ・イン・ハイブリッド車）を全面的に禁止する案を打ち出しており、ＥＶの導入に積極的である。

一方、世界の工場である中国にも、国際企業が旗振り役となってサプライチェーンの炭素依存を減らすＲＥ１００など既にみた先進国からの温暖化対策についての国際的な締め付けが強まっている。世界の工場であり続けるためには、脱炭素の取り組みが不可欠になっている。日本などより先駆けて、国内の火力発電所間の排出量取引を開始している。

国際関係だけでなく国内の民心・治安の安定の面からも、温暖化対策に力を入れる必要性が

（２）相手が裏切ったら以降は協調せずやり返し続ける戦略を「トリガー戦略」、相手が裏切ったら報復するが、その後に相手が裏切らなかったら報復をやめる戦略を「しっぺ返し戦略」と呼ぶ。

高まっている。豪雨や洪水の頻発、そして都市の大気汚染などの環境悪化への世論が厳しくなっているからである。

中国の習近平国家主席は、単に受け身的に国際経済の外圧に対応するのではなく、中国が一流の国であるための資質を示すべく、中国の文明を生態文明と位置づけ哲学面でのヘゲモニーも争う考えを示している。太陽光パネル実装などへ世界最大の投資を続けてきていることも周知のとおりである。逡巡していた国の総排出量ベースの削減目標についても、米国との経済摩擦解決の取引材料として使用せず、２０２０年秋に、一方的に「２０６０年カーボンニュートラル」を宣言した。

ＥＵのみならず、米国、中国という、今日覇権を争う両大国が温暖化対策について前向きの姿勢を示すことは、世界全体でのルールの統一を促進し、マーケットのつながりを通じて他の国にも影響が波及していく。

フランスにおける黄色いベスト運動など、国内の反発により地球温暖化対策が停滞することはこれからも起こるが、最近の国際的な取り組みは、これまでの国際環境条約の経験なども賢明に活かして、各国間の情報の共有が進んでいる。

他方で、各国間の公平性の観点から、国境調整など、取り組みが進まない国へのペナルティの手段も採用する方向へ舵が切られ始めている。地球温暖化対策を先導すべき国や地域の状況は、囚人のジレンマ解消の条件に近いものとなってきており、過去に比べると国際協調の可能性が高まり、効果的な対策を行う地盤が整ってきたのは間違いない。

日本が、ぎりぎりのタイミングで、米国に先んじて2050年でのカーボンニュートラルを宣言したその背景も、こうした国際マーケットの地滑り的な変化を察知したからに他ならない。

日本はルール・メーカーではなく、ルール追従者になってしまったのは残念であるが、純海外資産が最大の最重要債権国であり、国内市場も大きい。自国内での生産、海外での生産も含め、自動車や精密工作機械、医療機器などの国際商品の環境性能の積極的な向上、海外への脱炭素投資などでは、比較優位が残っており、貢献できそうだ。日本企業の投資判断に本書が示した大局観が役立つことを期待している。

第8章

21世紀における生命と地球の安全保障

1972年にローマ・クラブ（スイス法人として設立された民間シンクタンク）は、『成長の限界』を公表した。この書は、「地球上の資源と生態系システムは、たとえ今後技術進歩があったとしても、2100年には現在の人口増加や国内総生産（GDP）の伸びを支え切れなくなるであろう」と予測していた。

当時、日本経済研究センターの二代目理事長であった大来佐武郎は、ローマ・クラブの有力会員の一人であった。地球が成長の限界に達しているのであれば、日本のような先進国はゼロ成長路線に方向転換すべきだと主張した。仮に成長率はゼロでも一人当たり実質所得は、人口減少によって改善が可能だと論じた。

成長の限界と自然利子率の低下——先進国はマイナスへ落ち込む可能性

日本経済研究センターの中期経済予測、長期経済予測の標準予測ケースでは、2030年代前半に日本の成長率はゼロとなる。成長率がゼロの場合、大来佐武郎の予想とは異なり、人口の減少と同時に高齢化も進むので退職世代を補助するための公的負担の増加から現役世代の一人当たり実質可処分所得と消費は減少する可能性が高い。

ところで、貯蓄と投資をバランスさせる自然利子率は、日本では１９９０年代末からマイナスになり、長期停滞の時代へと突入した。このことを最初に指摘したのは、ポール・クルーグマン米ニューヨーク市立大学教授（ノーベル経済学賞受賞者）の「復活だぁっ！　日本の不況と流動性トラップの逆襲」と題する論文〈Krugman（1998）〉である。

市場実質金利をマイナスの自然利子率よりも低くすることでデフレ脱却を図るためには、ゼロ金利制約の下で名目金利をこれ以上引き下げることが困難であれば、インフレ期待を高めるしかない。そこでクルーグマンは、日本銀行は「４％インフレ目標政策」を採用すべきだと主張した。しかし、２０１３年から始まった量的質的金融緩和の経験を踏まえると、中央銀行がインフレ期待を高めることは、マイナス金利の深掘りと同様に極めて困難な課題であった。

私見によれば、インフレ目標設定よりも重要なクルーグマン論文のメッセージは、「マイナスの自然利子率は、日本の一人当たり実質消費の伸びがマイナスになり、先行き日本の家計が貧しくなる」と喝破したことにある。

消費者が異時点間の消費を最適化する場合に、自然利子率は、一人当たり実質消費増加率と**時間選好率**（将来時点の実質消費から得られる効用を現在時点で評価するための割引率）の和に等しい（消費のオイラー方程式）。

人々は、通常、将来得られる消費の効用よりも現在得られる消費の効用の方を重視するので、時間選好率はプラスである。このため、自然利子率がマイナスであるとすると、先行き一人当たり実質消費の伸びはマイナスになる。アベノミクスの成長戦略によって、雇用は400万〜500万人拡大したが、労働生産性の伸びも潜在成長率も停滞を続けた。アベノミクスは、自然利子率をプラスに変えることに成功しなかった。

世界に目を転じると、英中銀イングランド銀行の調査によれば、先進国の長期実質金利は黒死病（ペスト）が蔓延した14世紀以来超長期的に低下傾向をたどっている（「超長期停滞論」）。加えて、今回のコロナ危機により先進国の自然利子率は、中期的に1％程度低下するとの実証分析もある。

この傾向に変わりがなければ、日本のみならず先進国が、いずれマイナスの自然利子率に直面する。欧米諸国で日本の経験が繰り返されることを恐れる「日本化論」の本質は、量的緩和政策やマイナス金利の採用にあるのではなく、経済におけるマイナス自然利子率の定着にある。

2021年5月に開催された日本銀行国際コンファランスで、オリビエ・ブランシャール米ピーターソン国際経済研究所（PIIE）シニアフェローは、超長期的な長期実質金利の低下傾向の原因は、まだ明らかになっていないと述べた。

私見によれば、この超長期的な傾向は、地球上のきれいな水や空気が枯渇し得る希少資源であり、その希少資源が許容する範囲を超えて成長することのリスクに対する金融市場からの警鐘であると解釈することが可能である。

人新世と生物絶滅危機――種が半減の恐れ

地質学や生態学を中心とする研究者は、人間の経済活動の拡大が地球のエコシステムが維持し得る限界を超えているとの認識を示している。地層に残された特徴から生物の進化と歴史を探る地質学や生態システムの見地から見て、地球上の気候変動や生物多様性に生じている変化に対して、人類がその責めを負っているとの見方は、「人新世（アントロポセン）」であるとする時代区分の名称に表れている。

その始まりを産業革命の時期に求める説もあるが、1945年以降の成長率の超加速、化石燃料の燃焼と核物質の堆積に求める説もある。「人新世」の時代区分について、なお検討を深める必要があるが、重要なことは、この「人新世」において、地球上の生物は6回目の絶滅危機を迎えていることである〈リフキン（2020）〉。現在のスピードで絶滅するとすれば、今世紀末には、すべての種の半分以上が絶滅する。さらに、パンデミック（感染症の世界的大流行）も、地球生態系システムに対する人間の経済活動の侵食から発生しているとみることができる。

パンデミックとグリーン・スワン――予期できない金融リスク

2020年4月に仏中銀フランス銀行は、「まずコロナ、それから気候変動か？　そんなに簡単ではない健康と気候変動の関係」と題する論文を公表した〈Banque de France（2020）〉。

2000年代に入ってからSARS（重症急性呼吸器症候群）をはじめ新型コロナウイルスなどパンデミックが頻発するようになった。パンデミックも人間の経済活動の活発化によって野生動物との接触が増え、人類が生態系を破壊することによって発生する。とりわけ、地球温暖化との関係については、すでに北極圏の異常な気温上昇とシベリアの永久凍土融解が進んでいる。永久凍土融解に伴いメタンガスが噴き出て、温暖化を加速している。

またウイルスは120万種あるとされ、人に感染する可能性のあるウイルスは、80万種あると言われている。永久凍土に埋もれたウイルスが温暖化で活性化し、新たなパンデミック源となるリスクを無視することはできない。

国際決済銀行（BIS）は、フランス銀行の論文が公表された1カ月後の5月に「グリーン・スワン2」と題する報告書を公表した〈BIS（2020b）〉。「グリーン・スワン」とは、気候変動に伴う通常の経済活動からは予想することができない大きな金融リスクの発生を意味している。

この報告書は、新型コロナウイルスなどパンデミックの発生もこの「グリーン・スワン・リスク」に含めるべきであるとした。気候変動が、生態系の変化を通じてパンデミック危機を引き起こす可能性については、2006年に公開されたアル・ゴア元米副大統領を中心とするドキュメンタリー映画「不都合な真実」でも、デング熱などに加えコロナウイルスも挙げられていた。

気候変動による損失——世界GDPの2割に達するとも

気候変動が経済活動や資本ストックに与える損失については、物理的リスクと移行リスクに分けて考えることができる。ニコラス・スターン英ロンドン・スクール・オブ・エコノミクス教授は、2007年に公表されたスターン報告書で気候変動が与える風水害、洪水、山火事、海水面の上昇など物理的な損失は、世界GDPの2割に達すると予測していた〈Stern（2007）〉。

世界の金融監督担当省庁・中央銀行グループによる「金融システムグリーン化のための枠組み」報告書では、気候変動の現状の政策を維持し、3℃の気温上昇を放置するシナリオ（Hot house world scenario）では、物理的損害は2100年の時点で世界GDPの25％に達するとしている。温室効果ガス抑制を図ることによる移行期の損失は、2100年に世界GDPの10％に近いとしている〈NGFS（2020）〉。

コロナを「グリーン・スワン」リスクに分類し、気候変動の物理的損失に含めるとすると、損害額はさらに膨らむ。カトラーとサマーズによる論文は、コロナによるGDPの減少のみならず物的・人的資本の陳腐化による損失を合わせると、米国経済に16兆ドル（約1700兆円）の損害を与えているとしている〈Cutler=Summers（2020）〉。

脱炭素社会への移行期における損失は、2050年に排出量をゼロにしなければならないとする「炭素予算制約（カーボン・バジェット）」の下で実施される政策、制度、規制の変化によって企業収益、家計の富、資産価格付けに大きな変化が生ずることから発生する。「炭素予算制約」の下では、化石燃料がいくら地下に残存しているとしてもそれを燃やすことができない。世界の化石燃料の可採埋蔵量の排出量に比べ、気温上昇を2℃以内に抑制するうえで使用可能な化石燃料の燃焼により発生が許容されるCO_2排出量は、3分の1から5分の1と予想されている。

この結果、石炭をはじめ石油やLNG（液化天然ガス）とそれを集約的に使用する石炭火力発電や鉄鋼業などの資本ストックも座礁資産になるリスクがある。この座礁資産の大きさは、国際決済銀行による最初の「グリーン・スワン」報告書では最大18兆ドルと指摘されている〈BIS（2020a）〉。

注意すべきことは、第一に、物理的損害が大きい場合には、損害発生に対する対応策が採られやすくなるので移行期の損害を小さくするが、逆の場合には対応が遅れ、移行期の損害を大きくすることである。このことは、マーク・カーニー前イングランド銀行総裁が指摘した「時間軸の悲劇」と関連している。ここで「時間軸の悲劇」は、経済や政治のサイクルを超えた時間的次元で気候変動問題が深化することから生まれる。

第二に注意すべきことは、移行期の時間軸を見誤ると、最終的な損害はより大きなものになるリスクがあることである。2030年代における世界の自動車市場における電気自動車（EV）への転換はすでに既成事実化しつつあるが、移行期においてハイブリッド車（HV）の生産継続を長期化することでHV生産関連資本ストックの座礁資産化を招くリスクがある。

石炭など化石燃料使用火力発電について、CCS（CO_2回収・貯留）、CCUS（CO_2回収・利用・貯留）の併用を義務付けることは正しい。しかし、併用した場合にも一定程度のCO_2排出が不可避だとすれば、それを相殺する措置が必要となる。

また水素による化石燃料の代替は、正しい政策である。しかし、水素についてもグリーン（水素生産に再生可能エネルギー使用）、ブルー（化石燃料を使用するがCCSやCCUSを併用）、グレー（化石燃料使用）の3種類がある。

中国は、水素エネルギーの最大生産国であるが、大半はCO_2をそのまま排出するグレー水素である。日本は差し当たりブルー水素に照準を合わせているように見える。最終的にはグリーン水素を目指すべきであり、その時間軸を誤ってはならない。

切り札のカーボンプライスはいくらか？：社会的費用と炭素予算制約アプローチ

脱炭素社会の実現の切り札が、CO_2排出に対する価格付け（カーボンプライシング）にあることは、多くの識者の一致した見解である。カーボンプライシングには、大別すると炭素税と排出権取引の2つがある。地球温暖化が世界共通の課題であるとすれば、世界で共通の一つの炭素価格を設定することが最も望ましい。

この世界に共通の最適なカーボンプライスはいくらなのか、これまで多くの研究が行われてきた。カーボンプライスの設定については、2つのアプローチがある。その一つは、ウィリアム・ノードハウス米イェール大学教授（ノーベル経済学賞受賞者）らによる「社会的費用」である。

このアプローチによれば、最適なカーボンプライスは、CO_2排出が1単位増加することによって発生する現在および将来の社会的費用の割引現在価値で表すことができる。このアプローチは、英ケンブリッジ大学教授だったアーサー・セシル・ピグーの主張した負の外部性に対する課税（ピグー税）に相当するものである。この方法で計測した最適なカーボンプライスは、割引現在価値の計算に必要な割引率をいくらに設定するかによって大きく異なる。

気候変動は長期にわたる問題であるため、割引率に個人の時間選好率をそのまま適用するわけにはいかない。最適成長論を最初に開拓した英数学者フランク・ラムゼーは、次世代の効用を現世代が割り引くのはあまりに不遜だとして世代間の割引率はゼロとすべきだと主張した。

スターン教授は、将来世代の効用の割引率については複数の候補があると述べている〈Stern（2013）〉。その一つが市場で観察される実質長期金利であり、過去50年間の英米両国で観察された1・5%を想定している。

第二の候補は、最適成長論にもとづき、割引率は成長経路上での消費の限界効用の変化率に等しいとの認識の下で、

割引率＝［（相対的なリスク回避度）×（労働増加型技術進歩率）＋世代間にわたる時間選好率］

とするものである[1]。

クルーグマンが採用した自然利子率が一人当たり実質消費の伸び率と時間選好率の和に等しいとの関係は、世代間にわたる時間選好率と個人の時間選好率が等しいとの条件に加えて以下の3つの前提の下でスターン教授の割引率と等しくなる。

(1)高齢化といった人口動態構造に変化がなく、退職世代が増加することがないと仮定すると、総人口と労働力人口の伸びが等しくなる。

(2)加えて、公的負担と貯蓄率が一定と仮定すると、一人当たりの実質所得と一人当たり実質消

(1) 相対的なリスク回避度とは効用が富の関数であり、富の変動がリスクであるとした場合、そのリスクを回避する度合いを保有する富との相対関係で定義したものである。効用関数がベキ乗関数や対数関数（いずれも等弾力性関数である）の形である場合、相対的なリスク回避度は、消費の異時点間の代替弾力性の逆数に等しいことが知られている。

費の伸びは等しくなる。

(3)相対的なリスク回避度は1に等しい。

マーティン・ワイツマン米ハーバード大学教授はこの式にもとづき、割引率は3つの2％からなる6％（＝2×2＋2）である、と論じたことがある〈Weitzman (2007)〉。その場合には、50年後には将来世代の1単位の消費から得られる効用は現世代の効用と比べ、18分の1になってしまい、世代間の不公平性という倫理上の問題を引き起こすことになる。

スターン教授は以上の仮定に加えて、世代間にわたる時間選好率は地球絶滅の可能性を考慮して0・1％とし、労働増加型技術進歩率は2％に等しいと想定した。この場合、割引率は2・1％となる。[2]

もう一つのアプローチは、脱炭素社会を実現することを前提に炭素排出量の制約を重視する「炭素予算制約アプローチ」である。故宇沢弘文東大名誉教授は、CO_2排出による温暖化に伴う不効用を指数化して個人の効用関数に含めたうえで、所得の予算制約と同様に、CO_2排出量の制約の強さを示すラグランジュ乗数を用いて定式化した。

所得の予算制約の強さを示すラグランジュ乗数は、実質所得の限界効用に等しく、炭素予算の制約を示すラグランジュ乗数は「影の価格」としてのカーボンプライス（炭素税）を示している。そして、この最適な炭素税は、CO_2排出に伴う不効用指数の変化率と一人当たり所得水準の積に等しいとの定式化を得た〈Uzawa（2003）〉。

炭素税＝（CO_2排出による不効用指数の変化率）×（一人当たり所得水準）

この定式化によれば、一人当たり所得水準の高い先進国は、新興国や途上国よりも高い水準の炭素税を負担することになる。同時に先進国の内部においても一人当たり所得の水準上昇にともなってより高い水準の炭素税を負担することになる。

この2つのアプローチによるカーボンプライスに関する研究を振り返ると、理論的には宇沢教授が示したように均衡では両者は等しいはずであるが、現実の計測結果を見ると後者が前者を上回る傾向がある〈van der Ploeg（2020）〉。

ちなみに、社会的費用を採用するノードハウスの最近の著作によれば、望ましいカーボンプライスはCO_2排出量1トン当たり40ドルであるとされている〈Nordhaus（2021）〉。さらに、ノードハウスは、このカーボンプライスを遵守する国からなるクラブを創設し、ルール違反者には世界貿易機関（WTO）と類似した貿易政策上の罰則を科すことが望ましいと論じている。

経済と環境を統合したモデルは、世界に複数存在するが、これらモデルでのシミュレーショ

（2）日本経済研究センターの長期経済予測では、2060年に日本、米国、EUおよび中国の労働増加型技術進歩率は、米国の1.5％程度に収斂すると仮定している〈日本経済研究センター（2019）〉。

ン結果によれば、炭素予算制約を考慮したカーボンプライスは２０５０年に１９３ドル（２℃上昇の緩やかな目標達成）から７８３ドル（脱炭素目標達成）であるとされている〈NGFS（2021）〉。

カーボンプライスについて注目されるのは、国際通貨基金（ＩＭＦ）が２０２１年6月に公表したポリシー・ノートである〈Parry=Black=Roaf（2021）〉。ＩＭＦは、米国、英国、カナダ、インド、中国をはじめとするＧ20加盟国を対象に、望ましいカーボンプライスとして経済の発展段階を反映する形で25ドル（低所得国：インドなど）、50ドル（中所得国：中国など）、75ドル（先進国）をカーボンプライスの最低値とすることを推奨している。

この提案は、ＣＯ$_2$排出による不効用指数の変化率が世界で同一との前提をおけば、一人当たり所得水準に依存して炭素税を設定する宇沢教授の提案に近いと言える。

さらにＩＭＦは、経済の発展段階で炭素税の差が残るものの、法人税の最低水準の設定と同じく、国際的に炭素価格に最低水準を設定する方が、国境調整措置を採用するよりも望ましいと論じている。

もう一つ注目されるのは、元中央銀行・金融関係者による民間団体「グループ・オブ・サーティ」が、将来の「炭素予算制約」やカーボンプライスの履行状況を監視し、実行する機関として、中央銀行制度と同様に政府から独立した「炭素審議会」を設置すべきだとの政策提言を行っていることである〈Group of Thirty（2020）〉。

中央銀行がどこまで気候変動問題を扱うべきか、日本では消極的な意見の方が多いようであるが、元中央銀行関係者らによる国際的な議論は、はるかに先を行っているように見える。脱炭素社会の実現は、人類が採用し得るすべての方策を動員したとしても、決して解決が容易な課題ではないことを肝に銘ずるべきである。

脱炭素の成否、地球上のあらゆる生命を守るカギ

ここ数年の異常な酷暑、風水害の激しさに加えて、新型コロナウイルスに代表されるパンデミックは、人類の経済活動の拡張によって、地球のエコシステムと生存可能性が危なくなっていることの表れであり、一度越えると戻ることができない「ティッピング・ポイント（転換点）」に接近していると言えよう。

クルーグマンは、日本の自然利子率の低下は人口減少によるものと考えたが、ティッピング・ポイントに接近した環境制約が、自然利子率を低下させている可能性もある。先行き予想される生物としての人類の人口減少自体も、環境制約に対する対応である可能性もある。

ノーベル生理学・医学賞を受賞したポール・ナース英フランシス・クリック研究所所長は、人類は、地球上に存在する生命の源が一つであることの重要性を理解できる唯一の生物であり、地球上のあらゆる生命に対して責任を負っていると述べている〈ナース（2021）〉。この見解は、地質学の時代区分「人新世」と通じるものがある。21世紀における生命と地球の安全保障は、

人間による「脱炭素社会」実現の可否にかかっていると言えよう。

【参考文献】

［1］ジェレミー・リフキン『グローバル・グリーン・ニューディール』ＮＨＫ出版、２０２０年

［2］ポール・ナース『ＷＨＡＴ ＩＳ ＬＩＦＥ？ 生命とは何か？』ダイヤモンド社、２０２１年

［3］Banque de France, “La Covid-19 d’abord et le climat après? Pas si simple – Liens entre risques sanitaires et environnementaux,” 15 avril 2020

［4］Bank for International Settlements, “The Green Swan,” January 2020

［5］Bank for International Settlements, “Green Swan 2 - Climate Change and Covid-19: Reflections on Efficiency versus Resilience,” May 2020

［6］Cutler,D., and Summers,L., “The Covid-19 Pandemic and the $16 Trillion Virus,” *Journal of American Medical Association,* Vol.324, Number 15, 2020

［7］The Group of Thirty, “Mainstreaming the Transition to a Net-Zero Economy,” October 2020

［8］Krugman,P., “It’s Baaack: Japan’s Slump and the Return of the Liquidity Trap,” Brookings Papers on Economic Activity, 2:1998, p137-205

［9］Network for Greening the Financial System, “NGFS Climate Scenarios for Central Banks and Supervisors,” June 2020

[10] Network for Greening the Financial System, "NGFS Climate Scenarios for Central Banks and Supervisors," June 2021

[11] Nordhaus,W.D., *The Spirit of Green: The Economics of Collisions and Contagions in a Crowded World,* Princeton University Press, 2021

[12] Parry,I., Black,S., and Roaf,J.,"Proposal for an International Carbon Price Floor among Large Emitters," Staff Climate Notes, June 2021

[13] Stern,N., *The Economics of Climate Change: The Stern Review,* Cambridge University Press, 2007

[14] Stern,N., *Why Are We Waiting?* MIT Press, 2016

[15] Uzawa,H., *Economic Theory and Global Warming,* Cambridge University Press, 2003

[16] van der Ploeg,R., "Macro-Financial Implications of Climate Change and the Carbon Transition," ECB Forum on Central Banking, 11-12 November 2020

[17] Weitzman,M.L., "A Review of The Stern Review on the Economics of Climate Change," *Journal of Economic Literature* Vol.45, Number 3, 2007

[18] 日本経済研究センター「デジタル資本主義の未来：日本のチャンスと試練２０１９〜２０６０年」２０１９年12月

CN（カーボンニュートラル）キーワード

【カーボンニュートラル】

国連の気候変動に関する政府間パネル（Intergovernmental Panel on Climate Change〈IPCC〉）は2021年8月の第6次報告で産業革命前から気温はすでに1℃上昇していると指摘している。今世紀中の気温上昇を1・5℃以内に抑えないと、不可逆的な気候変動が起こり、その影響で人類の生存を脅かす重大な被害が発生する可能性があるという。温暖化防止に関する国際条約であるパリ協定で各国が約束している防止策だけでは、2040年までに1・5℃を超える恐れもあると懸念する（図表K1－1）。

現実に温暖化の加速によるとみられる自然災害は増加の一途をたどっている。日本でも2021年夏の集中豪雨は大きな被害をもたらしたが、豪雨や台風の被害は毎年のように起きている。米国の再保険会社Aonは、日本の気候災害による20年の経済的損失を85億ドルと推計している。

図表K1－2は、Aonが世界の気候災害の推移と被害の内訳をまとめたものだが、気候災害は右肩上がりで増え続けており、2020年には2580億ドル（1ドル＝105円で約27兆円）に達し、洪水、台風が6割を占めている。科学的に温暖化との因果関係が証明されたわけではない

図表 K1－1　温暖化によって災害の発生、健康へ影響する可能性が高まる（気温上昇による気候変動現象の発生倍率）

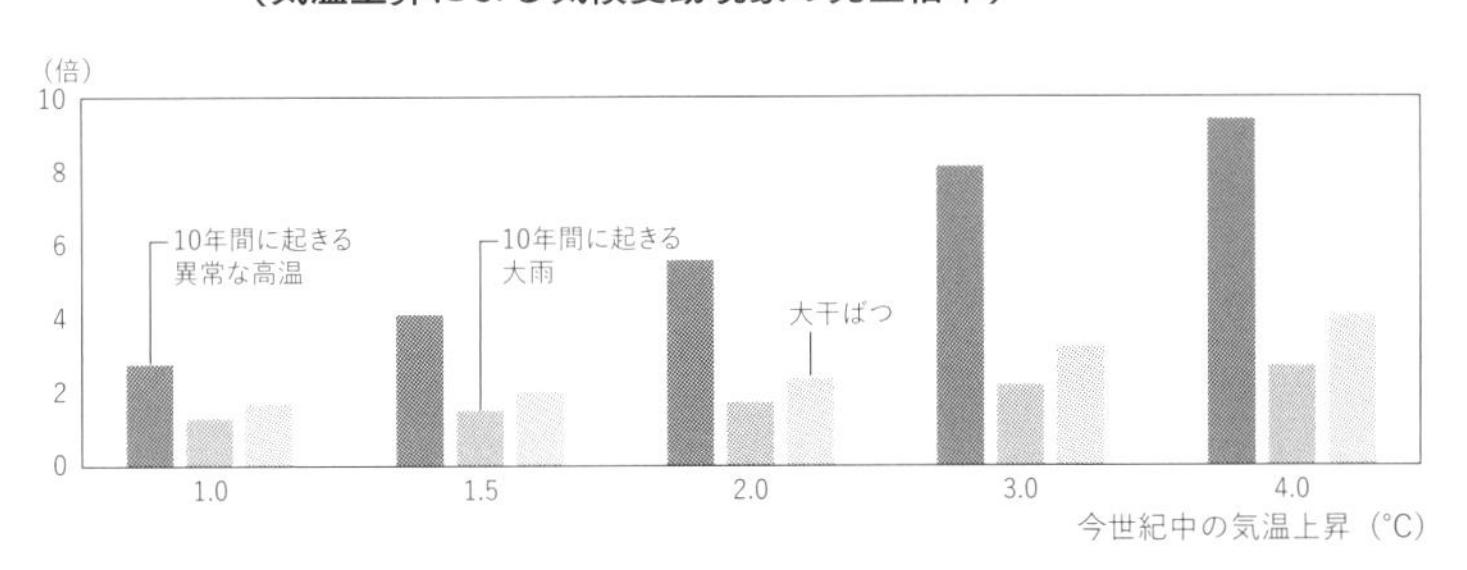

（資料）IPCC 第6次報告

図表 K1－2　気候災害、保険料支払いの推移（期間の平均）

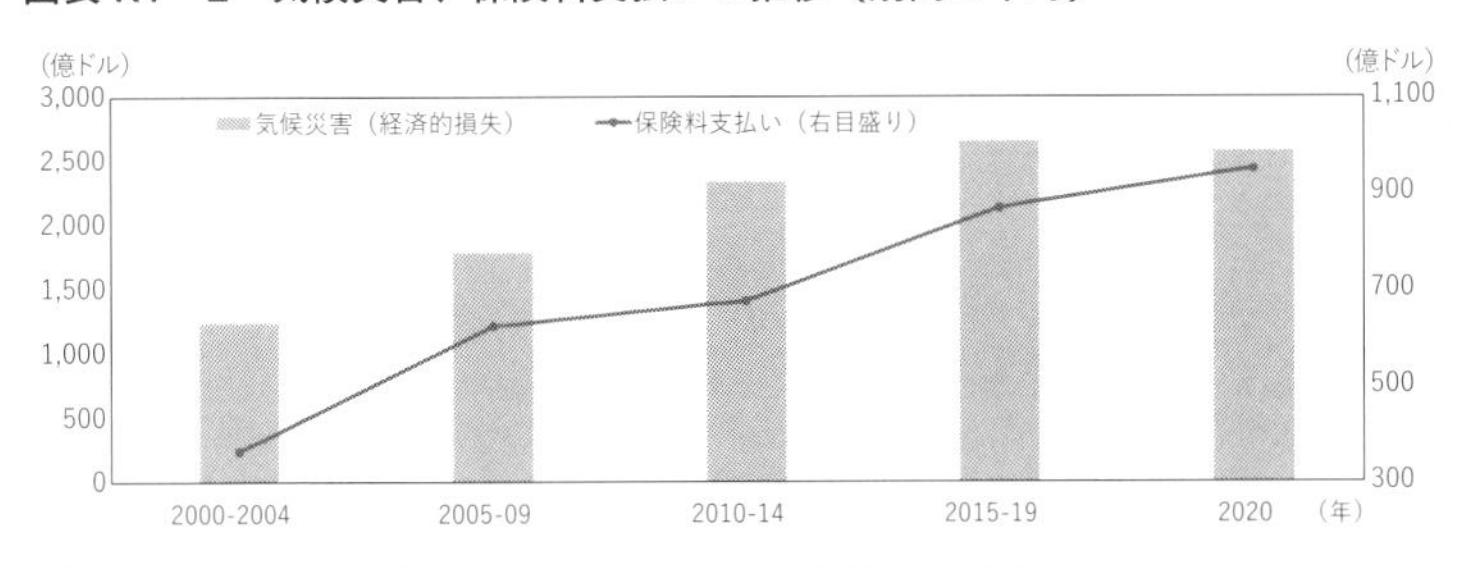

（出所）Aon "Weather, Climate & Catastrophe Insight 2020 Annual Report"

が、被害が身近に感じられるようになってきている。

温暖化は化石燃料を燃やすと発生するCO_2などの温室効果ガス（CO_2のほか、メタンやフロンなど）によって引き起こされる。IPCCは、温暖化が人間の活動による影響でもたらされている面があることは疑う余地がないとしている。生産や生活が温暖化と直結し、温暖化の被害は国境を越えて世界中に広がる。過去の公害問題とは異なり、「誰もが加害者で被害者」と言われるゆえんだ。

IPCCによると気温上昇を1・5℃に抑えるには、21世紀半ばまでに温室効果ガスの排出をネットゼロにするカーボンニュートラル（脱炭素社会）を実現する必要がある。欧米先進国や日本は2050年までに、世界最大の排出国である中国も2060年までに排出ゼロを表明している。各国ともCO_2を排出しない再生可能エネルギーのフル活用に力を注ぐが、完全に化石燃料を使わない状況にすることは現実には難しい。森林の拡大によるCO_2吸収、地中に埋設するCCSが必要になる。ネットゼロは、排出分と吸収分で相殺するという意味だ。

【外部不経済】

「外部不経済」とは、ある個人や企業の経済行動が市場以外の経路で他者にマイナスの影響を及ぼすことをいう。他者にプラスの影響を及ぼす場合は「外部経済」と呼ばれ、「外部経済」と「外部不経済」を合わせて「外部効果」と呼ぶ。

経済学では環境問題を外部不経済の視点から分析することが多い。ここでは、まず消費者余剰、生産者余剰という考え方を説明し、それを用いて外部不経済と環境問題の関係を説明する。

図表 K1－3　地球温暖化問題の流れ

1972年5月：ローマ・クラブ『成長の限界』で人類の持続可能性について警鐘
　6月：国連人間環境会議（ストックホルム会議）で初めて地球規模の環境問題について政府間で議論
1985年：フィラハ会議（オーストラリア、国連環境計画〈UNEP〉）で地球温暖化が国際的に取り上げられる
1987年：環境と開発に関する世界委員会が「持続可能な開発」を定義
1988年：トロント・サミット（カナダ）、2005年までに世界で1988年比で CO_2 を20％削減する努力目標を提言。IPCC 発足
1990年：IPCC の第1次報告書（以下、2次95年、3次2001年、4次07年、5次14年、6次21年）
1992年：「環境と開発に関する国際連合会議（地球サミット）」において「気候変動枠組条約」が締結され、定期的に締約国会議（COP）が開催されるようになる
1995年：COP1（ドイツ・ベルリン）
1996年：EU 閣僚理事会で IPCC の第2次報告書を踏まえ、2℃目標が決定される
1997年12月：COP3（京都市）で、気候変動に関する国際連合枠組条約の京都議定書（Kyoto Protocol to the United Nations Framework Convention on Climate Change）が採択。1990年比で温室効果ガス5％削減目標
2001年：米国が京都議定書からの離脱を表明
2004年のロシア連邦の批准を受け05年2月16日に発効（米国、オーストラリアなど不参加）
2006年：スターン報告書（The Economics of Climate Change）
2007年：オーストラリア批准
2008～12年：第1約束期間、削減義務のある国の排出する温室効果ガスの世界に占める割合は30％程度
2010年：COP16（メキシコ・カンクン）のカンクン合意に気温上昇を2℃以内に抑えることの必要性が盛り込まれる
2012年12月：カナダが京都議定書離脱
　12月：京都議定書第8回締約国会合（カタール・ドーハ）で京都議定書改正案を採択、第2約束期間などが決定
2013～20年：第2約束期間（日本は不参加）
2015年：COP21（フランス・パリ）で2020年以降の温室効果ガス削減の国際的枠組みとしてパリ協定（Paris Agreement）を採択。2℃目標が世界の共有すべき目標として条文第2条に記載。努力目標として1.5℃目標にも言及
2016年：パリ協定発効
2019年：英国が2050年脱炭素目標
2020年3月：EU が2050年脱炭素目標
　9月：中国が2060年脱炭素目標
　10月：日本が2050年脱炭素目標
　11月：2050年脱炭素を公約に掲げるバイデン氏が米大統領選に当選
2021年4月：気候サミットで2030年度までに日本は温室効果ガスの13年度比46～50％削減を表明

消費者余剰と生産者余剰

需要曲線と供給曲線を用いて消費者余剰と生産者余剰について説明する（K2-1）。

市場が適切に機能していれば、消費者の効用最大化から導かれる需要曲線と企業の利潤最大化行動から導かれる供給曲線の交点で価格と供給量が決定される。

需要曲線とは消費1単位ごとに支出してもいい金額をつなげた曲線である。例えば1個目は500円、2個目は450円、3個目はいくらという形になっている。この場合は2個目までに950円の支出をしてもいいと考えていることになる。

仮に、この対象が缶飲料で、販売されている価格が150円であれば、1個目については支出してもいいと思っている500円に対し、150円は割安であり購入することとなり、需要曲線が150円となる数量まで消費を行う。

ここで、500円と150円の差額の350円

図表 K2−1　消費者余剰と生産者余剰

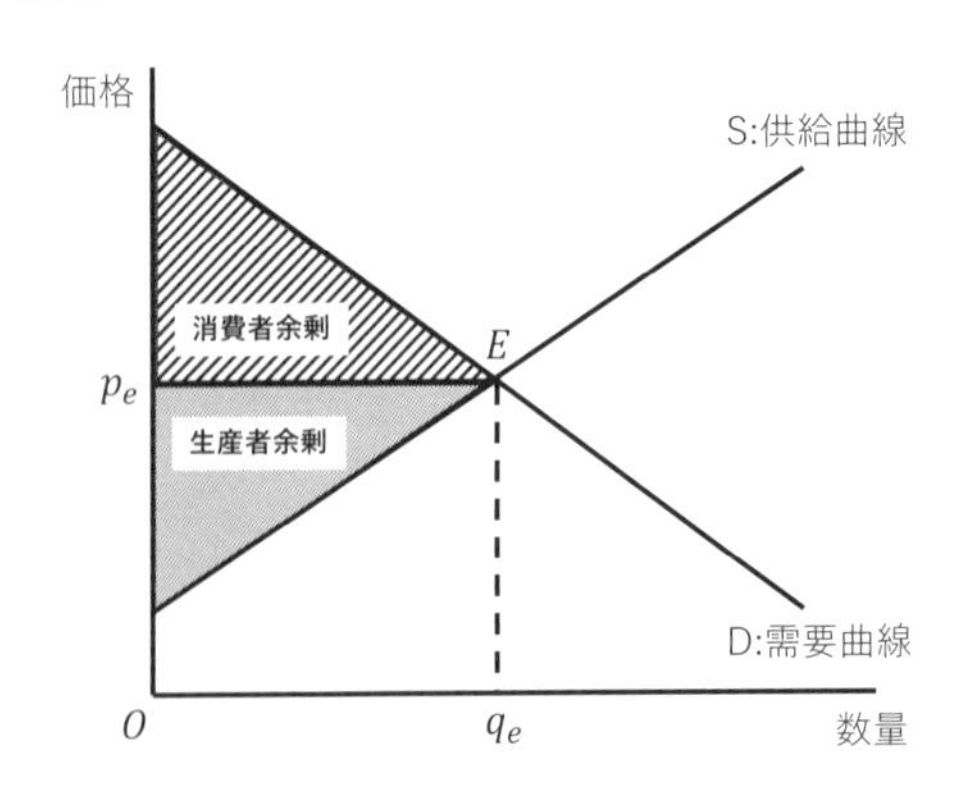

は、その消費者にとっての缶飲料の価値と実際に払う金額の差であり、消費者の利益と考えられる。財の価格と需要曲線との間の面積は、この財の消費によって消費者が得た利益の総額であり「消費者余剰」と呼ばれる。

供給曲線は、実は生産する際の1単位ごとにかかる追加的費用を表しており限界費用曲線とも呼ばれる。そのため供給曲線の下側の面積は、ある数量まで生産した際の可変費用となる。

図表K2-1のように価格p_eで数量q_eを販売した場合、企業の売上はOp_eEq_eの長方形の面積となることから、その長方形から供給曲線の下側の面積を引くと、売上－可変費用＝利潤＋固定費用となる。[1] この「売上－可変費用」を企業の利潤の代理変数と考え、「生産者余剰」と呼ぶ。

このように考えると、消費者余剰と生産者余剰の和は金額に換算した社会の利益と捉えることができ、それを「総余剰（あるいは社会的余剰、社会的総余剰）」と呼ぶ。[2]

外部不経済と地球温暖化

地球温暖化は、市場に外部不経済が存在し市場メカニズムがうまく働かないことで、市場の均衡点での価格と数量の決定が社会にマイナスの影響をもたらす代表例である。

企業は自企業の生産に関係するコストから供

（1）利潤＝総売上－総費用＝総売上－（固定費用＋可変費用）なので、売上－可変費用＝利潤＋固定費用となる。固定費用は一定なので、利潤が大きいほど「売上－可変費用」は大きくなる。

（2）市場メカニズムが適切に働くならば、需要曲線と供給曲線の交点で価格と供給量が決定されたときに総余剰は最大になることが分かっている。

図表 K2－2　外部不経済と余剰の減少

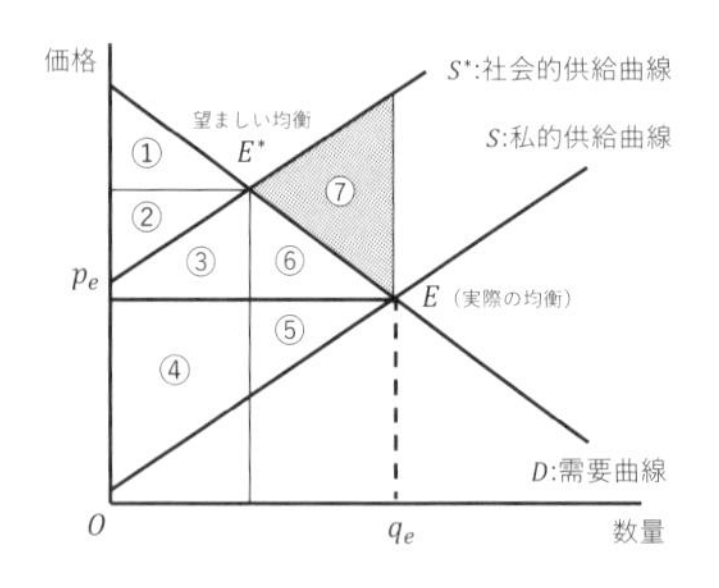

	望ましい均衡	実際の均衡
消費者余剰	①	①＋②＋③＋⑥
生産者余剰	②	④＋⑤
外部不経済		−③−④−⑤−⑥−⑦
合　計	①＋②	①＋②−⑦

給曲線を決定する。その際、温室効果ガスはそのまま大気中に排出することが可能であり、自社が出した温室効果ガスの悪影響を定量的に把握することは難しいことから、生産に伴い排出される温室効果ガスのコストを考慮しないとする。

すると、温室効果ガスのコストが含まれない供給曲線（私的供給曲線）と温室効果ガスの影響もコストとして考慮した供給曲線（社会的供給曲線）の間に乖離が生まれる。

図表K2－2をみると、需要曲線と社会的供給曲線の交点で均衡した場合の総余剰は①＋②となっているが、需要曲線と私的供給曲線の交点で均衡した場合は、消費者余剰が①＋②＋③＋⑥、生産者余剰が④＋⑤となり、それらの和の総余剰は増加しているかのように認識される。しかし、実際には地球温暖化による異常気象などによる追加的なコストが、2つの供給曲線に挟まれた③＋④＋⑤＋⑥＋⑦だけ発生しており、社会全体では①＋②－⑦が総余剰であり、望ましい均衡の場合より⑦の分だけ総余剰は減少する。

個人は自分の満足と支払う金額を比較し消費量を決定し、企業は売上とコストを考慮し生産量を決定するが、ある財の消費、生産において、そこから発生する間接的な温暖化のコストが考慮の範囲外に置かれてしまうのが経済学的な視点からの温暖化問題が発生する理由である。このような状況に対して、供給曲線の乖離を埋めるように、課税（炭素税）や補助金[3]を用いることで対処することを「外部効果の内部化」[4]という。公害などを「外部不経済」ではなく、「社会的費用」という概念で捉える場合がある。社会的費用自体は広い概念であり定義しづらいが、ここでは、「政府や企業の活動によって生ずる、安全で健康な最低限の生活水準との差」とする。

社会的費用には、第1定義「発生した社会的損失」、第2定義「社会的損失を防止するための費用」という捉え方があり、一般には起こってしまった損失を回復するための費用（第1定義）

（3）課税を用いても補助金を用いても、1単位当たりの金額が等しければ、結果としてもたらされる生産量は等しくなる。しかし、課税の場合は企業の利益が減少するのに対して、補助金の場合は生産しないことに対して金銭を受け取ることができ、生産分に関しても課税などの利益が減少する状態が起こらないことから、補助金の方が課税よりも企業の利益は増大する。ＯＥＣＤは、公正な貿易条件の確保の側面からも、環境汚染については、補助金により対応するのではなく、汚染者が負担をする（課税）ことで対応することを求めている。

（4）温室効果ガスなどの普通は価格が付かないものに価格を付けることによって、温室効果ガスの市場を作り出すことで、地球温暖化問題を市場メカニズムのなかに取り込むことなどを、市場の外部にあるものを取り込むことから、内部化と呼ぶ。

の方が、防止の費用（第2定義）よりも大きくなる。また、公害などの被害は広範に及ぶことが多いため、第1定義の方が第2定義に比べ計測が難しい。

この2つの定義は「外部不経済」においても考えることができ、図表K2-2で表された外部不経済の大きさは、起こってしまった損害からの回復なのか防止なのかで異なってくる点に注意が必要である。過去の公害などの経験から、費用的に被害を抑えるためにも防止が大切と認識されているが、実際は損害が起こるまで対策が打たれないことが往々にしてあり被害が拡大してしまうので、温暖化問題についても早めの対策が求められている。

【限界費用均等化（限界削減費用）】

地球温暖化問題を議論する際に、「限界削減費用」と「限界損害費用」の一致という考え方が用いられる。「限界費用均等化原理」と一般化して呼ばれる考え方を説明する。

図表K3-1は、ある排出者の、温室効果ガス排出量削減のコストと温室効果ガスによる被害額を示している。ここでは、排出量は最大で10であり、排出者の削減量を上から下に向かって記載してある。それに対して、排出の損害額は排出が10の時に最大となり排出0のときに0となっている。表の一番右の和をみると、排出者が3の削減をしたときに、温室効果ガス排出の削減費用と温室効果による損害費用の和が最小となっている（最小値）。

表には「限界削減費用」が記載されているが、これは追加的1単位の削減によって生ずる費用を表している。排出者は、最初の1単位の削減の費用は2であり、次の1単位の削減のコストは4となっている。そのため、2単位削減した際の削

図表 K3−1　削減費用と損害費用

排出者			損害額		削減費用と損害費用の和
削減量	削減費用	限界削減費用	損害費用	限界損害費用	
0	0	0	55	10	55
1	2	2	45	9	47
2	6	4	36	8	42
3	13	7	28	7	41
4	24	11	21	6	45
5	40	16	15	5	55
6	62	22	10	4	72
7	91	29	6	3	97
8	128	37	3	2	131
9	174	46	1	1	175
10	230	56	0	0	230

図表 K3−2　限界費用均等化と最適な排出量

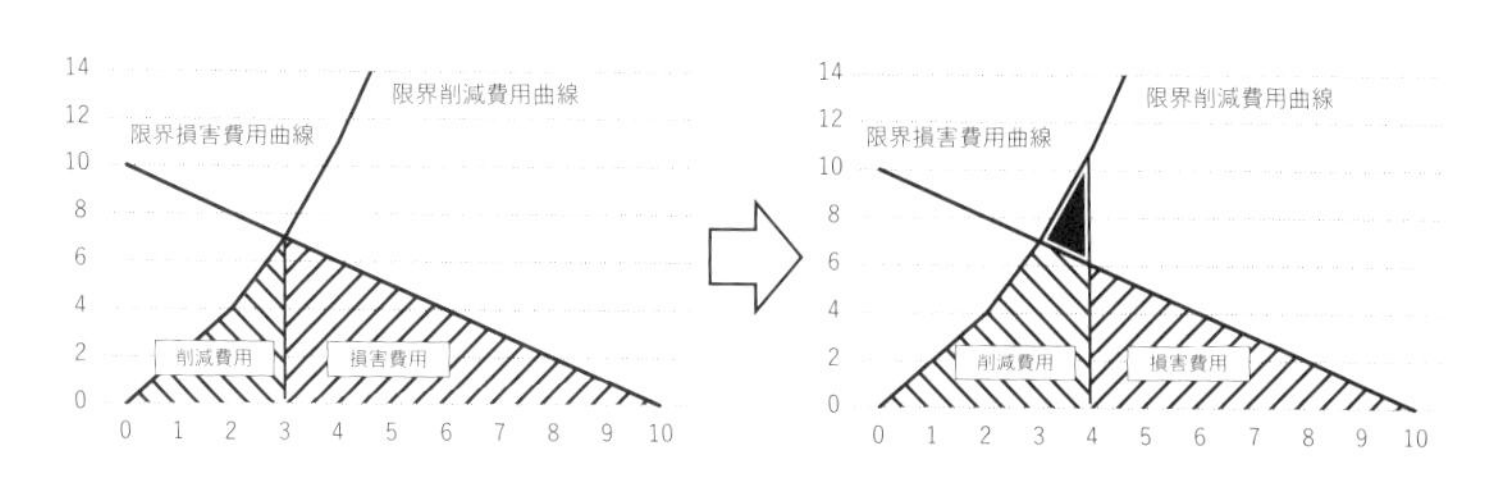

減費用は2＋4の6となる。つまり、限界削減費用を削減量まで足したものが、その削減量の削減費用となる。

「限界損害費用」も同様に考えることができ、温室効果ガスが全く放出されていない状態から、追加的1単位の温室効果ガスの排出により生じる損害を表している。表では下から上に向けて記載している。

ここで、排出者の限界削減費用と限界損害費用の関係を図示してみよう（図表K3－2の左図）。排出者の限界削減費用は原点を左下（図の0）に取り、そこから右に行くにしたがって削減量が増加し限界削減費用も増加する。一方、限界損害費用は削減量0が最大であり右に行くにしたがって減少する。両曲線は横軸が3の所で値が7で一致するため交差することになる。

この場合、図表K3－1で説明したように、削減量までの限界削減費用を足したものが削減費用となるため、排出者の削減費用は削減量3よりも左の限界削減費用曲線下の面積となり、損害費用は削減量3よりも右の限界損害費用曲線の下の面積となる。

ここで、仮に排出者の削減量を4まで増やした場合を考える。両費用は4を境に図表K3－2の右図のようになり、図の黒く塗りつぶされた三角形の面積だけ費用の総額は増大する。

つまり、「限界削減費用」と「限界損害費用」が一致し、「限界費用均等化」が成立する削減量を選択することが総コストの最小化をもたらし、社会的には望ましい。

限界費用均等化（限界削減費用と炭素価格）

炭素税の価格付けなどの根拠は、排出者間の「限界費用均等化原理」によって理解できる。

図表K3－3は、図表K3－1を少し書き換え二人の排出者（A、B）についての、温室効果ガス排出量削減のコストを示している。ここでは、

図表 K3－3　温室効果ガスの削減費用と限界削減費用

排出者 A			排出者 B			排出者の削減費用の和
A の削減量	削減費用	限界削減費用	削減費用	限界削減費用	B の削減量	
0	0	0	55	10	10	55
1	2	2	45	9	9	47
2	6	4	36	8	8	42
3	13	7	28	7	7	41
4	24	11	21	6	6	45
5	40	16	15	5	5	55
6	62	22	10	4	4	72
7	91	29	6	3	3	97
8	128	37	3	2	2	131
9	174	46	1	1	1	175
10	230	56	0	0	0	230

図表 K3－4　限界削減費用と適切な削減量の割振り

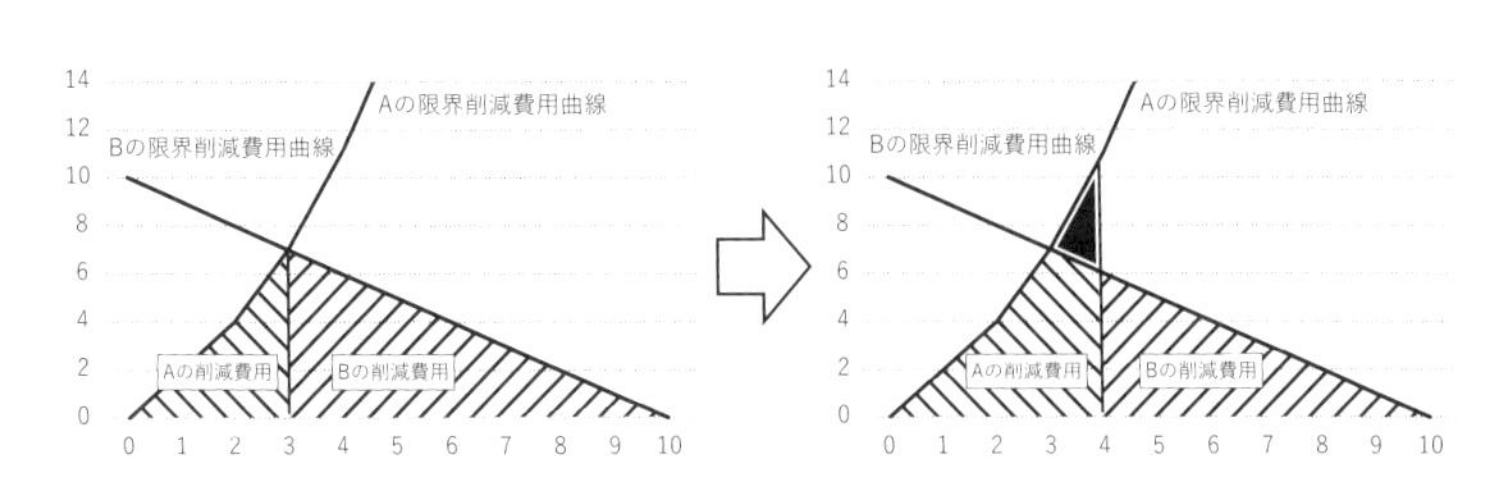

二人の排出者で10の排出削減を行うこととし、表には排出者Aの削減量を0から10を上から下に向かって記載してある。排出者Aが10すべてを削減するのであれば、排出者Bは削減を行う必要がないため、対応する削減量は0となっている。表をみると排出者Aの方が排出者Bよりも削減のためのコストが高いことがわかる。また、一番右の和をみると、Aが3の削減、Bが7の削減のときに両者の削減費用の和が最小となっている。

ここで、二人の排出者の限界削減費用の関係を図示すると、先の図表K3-1の「削減費用」「限界削減費用」が「Aの削減費用」「Aの限界削減費用」、「損害費用」「限界損害費用」が「Bの削減費用」「Bの限界削減費用」となった図表K3-4が得られる。排出者Aは原点を左下（図の0）に取り、そこから右に行くにしたがって削減量が増加する。一方、排出者Bは原点が右下（図の10）となり、左に行くにしたがって削減量が増加する。両曲線は横軸が3の所（排出者Bからは削減量7のところ）で両者の限界削減費用が7で一致するため交差することになる。

この場合、先の説明と同様に、両者の限界削減費用が一致（均等化）する削減量を選択することが両者の削減費用の和の最小化をもたらし、社会的には望ましい。

また、図表K3-4の右図からわかるように排出者Aからすれば自分が4の削減を行い、4単位目の削減に11の費用をかけるより、排出者Bに金銭を支払い、代わりに削減してもらえばコストが少なくなる。排出者Bからみても、削減量を6から7に1単位増やし、代わりに金銭を受け取った方が得となる。結果として、この際の温室効果ガスの取引価格（炭素価格）は、両者の限界削減費用の一致した値の7と決定される。

政府がこの二者の存在する経済で合計10の排出削減を実施したい場合には、炭素価格を7と設定すれば、それを超えるコストがかかる側は排出権を購入し、それ以下のコストの側は排出権を販売するという調整を通じて、10の排出削減が実現されることとなる。

ここでは、政府が合計で10の排出削減を実施すると仮定したが、限界費用均等化原理からは、国内で政策を行った場合の、先に説明した限界損害費用と国内の各企業が適切に調整を行ったうえで導かれる限界削減費用のバランスから削減量は内生的に決定される。[5]

削減費用と損害費用計測の問題点

ここまでの説明から、(限界) 削減費用と (限界) 損害費用を用いれば最適な温室効果ガスの排出水準が導かれることが分かったが、実際にはそれらの費用を適切に計測することは難しい。

削減費用については、新たに削減のための技術を導入する場合、当初は高額だとしても普及により費用が低下する可能性が高い。しかし、対策を打つ側としては当初の高いコストで計画を見積もり、損害との比較を行うため、削減費用の計測が過大となってしまう。その結果、適切な状態よりも損害が大きくなる状態が選択されてしまい、対策の導入が遅れ、対策が最適に行われない傾向がある。

損害費用については、そもそも因果関係をどのように捉え、どの範囲までを損害として計上するかという問題がある。地球温暖化などの自然現象が関係する場合、温室効果ガスがどの程度自

(5) 実際の地球温暖化問題においては、(限界) 損害費用を計測することは難しいため、温暖化の耐えられる水準を決め、そこから温室効果ガス排出量を決定し、その範囲内で関係する企業などの限界削減費用を均等化するという流れになっている。

然に影響し、それが人々に被害をもたらしているかを計測することは難しい。特に地球温暖化は広範に地球の生態系に影響を及ぼすため、一見無関係に見えることが回りまわって人々の生活に大きな影響を与えている可能性がある。その範囲を適切に把握できない場合、損害費用の計測は過少となってしまう。この場合も、温室効果ガスの排出量は最適な点よりも過大となる。

【気候変動と経済のモデル分析】

現在では経済活動と気候変動を関連付けて分析することは一般的であり、その際、温室効果ガスの影響評価を行う経済モデルの多くは動学的最適化モデルか、（動学的）CGEモデル（Computable General Equilibrium Model：計算可能な一般均衡モデル）となっている。

前者についてその端緒となったのは、2018年にノーベル経済学賞を受賞したウィリアム・ノードハウスが地球温暖化の統合評価モデル（IAMs、Integrated Assessment Models）の先駆けとして1990年代初めにマクロ経済学の最適成長理論を背景に動学的最適化問題として開発したDICEモデル（Dynamic Integrated Climate-Economy、気候と経済の動学的統合モデル）である。[6] それ以降IAMsは学際的な立場から大小さまざまなモデルが作成され、地球温暖化問題の分析に用いられているが、基本的な考え方はDICEモデルと大きな違いはない。

DICEモデルなどの動学的最適化モデルは、環境政策の影響評価に必要不可欠なモデルとなっているが、マクロ経済学的に財を一つの塊として扱う場合が多く、一般的には産業構造の変化などを捉えられないという問題がある。一方、CGEモデルは産業連関表などの詳細なデータにもとづき現実経済をモデル化したものであり、ミクロ経済学的アプローチが発展したものとなっている。モデルには、家計・企業・政府・外国という複数の経済主体と、多数の財・サービスとそれを取引する市場が存在する。各市場には経済主体が（さまざまな財・サービスを消費し労働を提供し、それらから効用を受け取る）需要者あるいは（さまざまな財・サービスを用いて生産を行い、利潤を得る）供給者として登場し、需給が均衡すれば、それと整合的な価格、最適な資源配分が決定される。

特定の市場について分析する部分均衡モデルではなく、可能な限りすべての市場をまとめて分析するため、一般均衡モデルと呼ばれる。動学的なモデルを構築することも可能だが、扱う主体すべてについてのデータを整合的に準備する必要があるため、ある1時点のデータを用いてモデルを構築し、静学的な分析を行うことも多い。

1960年代に多部門を扱った先駆的な分析が行われているが、CGEが分析手法として一般化したのは、解法アルゴリズムの発展により多数の経済主体を取り込んだモデルを数値的に解くことができるようになっていった80年前後からである〈参考 Scarf (1981)〉。

さまざまな主体が技術なども含めてモデルに組み込まれているため、炭素税などの政策変数が各経済主体、産業にどのような影響を及ぼすかをシミュレーションすることができ、貿易、投資、税制改革、規制緩和、地球環境といった問題の

（6）ＤＩＣＥモデルは現在も改良が進められており、ノードハウスのホームページより２０２０年３月にデータなどがアップデートされた、ＤＩＣＥ２０１６のプログラムをダウンロードできる　https://williamnordhaus.com/dicerice-models

分析に用いられている。地球温暖化問題では、各主体の排出する温室効果ガスを財としてモデルに組み込むことで分析を可能としている。

本書ではCGEモデルによる分析を行っているが、その構造については、第4章の【テクニカルノート4】を参考にしてもらうこととし、ここではDICEモデルの構造とその考え方や用い方を簡単に解説する。

DICEモデルの構造

DICEモデルは、経済成長、温室効果ガス排出と気候変動、コスト、その他の要因から構成されている。モデルの時期により関数形や式の本数は異なっても、基本的な構造は変わっていない。

経済成長は、マクロ経済学の最適成長モデルで表現される。社会の効用関数が与えられ、時間を通じた社会の効用の和を最大にするように、生産、消費、投資（＝資本の蓄積）が行われる。

温室効果ガス排出と気候変動については、生産活動によって排出される温室効果ガスを排出削減のための規制を考慮したうえで求め、それが大気中に蓄積する過程、蓄積した温室効果ガスによる気温上昇が表現される。規制の強度は、規制にかかるコストとの関係で決定される。

コストについては、温暖化により発生する損失と温室効果ガスを削減する規制にかかるコストが定式化され、これらの増加は、「経済」における生産額を減少させるように働く。その他の要因としては、電力などの産業の生産構造と温室効果ガスの関係などが目的に応じて定式化される。

マクロ経済学の最適成長モデルに環境からのフィードバックを組み込むことで、経済と環境の関係を表現し、温暖化問題を分析するのがDICEモデルである。このような構造のため、最適な経済状況から、無理に生産を増やし短期的な効用を高めたとしても、生産の増加は温室効果ガスの排出量の増加をもたらし、長期的には生産にマイナスの影響が生じ、通時的な効用の和は減少する。

　DICEモデルに限らずIAMsでは、現在と将来の効用（もしくは社会の受け取る利得）の価値を比較する際に影響する**時間選好率**（割引率）、生産と温室効果ガス排出量の関係、温室効果ガス濃度がどの程度の温暖化をもたらすかの気候感度、温暖化のもたらす損害、規制を行うことのコストなどをどのように置くかで、挙動が異なるため、科学的知見からよりもっともらしい関係式、パラメータの数値を用いるように努力がなされている。

　また、与えられた条件下で、一番効用が高い経済の経路を求めることができることから、将来の温暖化の目標値などの政策自体がもたらすさまざまな経済変数への影響や、代替的な政策間の評価などに用いられる。また、温室効果ガスの価格付けをどのように行えばいいかといった分析や規制の程度と温暖化の関係といった分析にも用いられている。

DICEモデルの特性と時間選好率

　DICEモデルは単一の効用関数による動学的最適化モデルのため、人々は経済と環境の相互関係を正確に理解したうえで経済活動を行うことが仮定されている。地球温暖化問題に存在する市場の失敗などは考慮されていない。

　DICEモデルでは、温室効果ガスをあまり短期的に削減する必要がない。温暖化の被害は現在の消費と生産の結果として将来発生するが、現在の効用は割り引かれないので価値が高く、現在は温暖化がそれほど問題になっていない。将来の効用の価値は割り引かれて低くなり、将来温暖化が問題になってもその被害の評価も割り引かれて低くなる。

結果として、将来温暖化になってもその評価はプラス・マイナスどちらも割り引かれてしまい小さくなるので、現在に近い時点で多くの生産と消費を行い、温室効果ガスを排出し、温暖化問題を将来に押し付けても問題はないとなってしまう。

これは、現在に近い時点で多くの生産を行い経済が成長しているので、その成長分から将来の被害額を埋め合わせることが可能であり、温暖化問題を将来に押し付けてはいないと考えることもできる。

初期のDICEモデルで経済的な利得の面から温暖化対策を行うことに対して否定的な結論が導かれたのに対して、「スターン報告書（Stern Review、正式名称 *The Economics of Climate Change*、2006年）」では年率0・1%の世代間にわたる時間選好率を採用し、温暖化は大きな被害を生むという分析を行っている。[7]

DICEモデルの時間選好率は年率3%であり、[8] 100年後の人間の効用の割引現在価値は5・2%（今と100年後の人が同じような消費活動を行った場合、受け取る効用は100年後の人は今の人の20分の1）となる。スターン報告書の時間選好率では100年後の効用の割引現在価値は90%となる。これは、スターンがノードハウスよりも将来の損害を高く評価していることを示している。[9]

ノードハウスは、近年のDICEモデルにおいて時間選好率や温暖化の上限の設定などをさまざまに変化させた分析を行い、効用や消費の割引現在価値の通時的な和については、時間選好率にスターンの0・1%を用いても1・5%などの値を用いてもあまり違いがないという結果を導いている。これは、パラメータの変化に対して、人々が効用を減少させないように対応するためである。

この結果から時間選好率の違いはそれほど分析結果に影響がないと受け取ることができるが、気を付けなければならないのは、間違ったパラメータに従って政策が行われてしまった場合である。

仮に将来の人々の時間選好率が小さい値にもかかわらず、現在の人々が高い時間選好率を想定して対策を考え、行動してしまうと、将来実際に被害の発生した時点では、現在想定した時間選好率よりも小さい値で割り引かれ、将来の人々の効用は想定よりも大きく低下してしまう。このようなリスクを考慮すると、低い時間選好率を仮定しておいた方が実際の被害は少なくなる可能性がある。

【参考文献】

［1］Nordhaus W.D.（1994）*Managing the Global Commons: The Economics of Climate Change*, MIT Press, Cambridge, MA.（『地球温暖化の経済学』室田泰弘他訳、東洋経済新報社、2002年）

［2］Nordhaus W.D.（2013）*The Climate Casino: Risk, Uncertainty, and Economics*

（7）スターン報告書はＤＩＣＥモデルのように効用といった目的関数を最大化しているわけではなく、被害額についても温暖化によるＧＤＰなど経済への影響額という面を取り出す形で計算されており、そのままＤＩＣＥモデルの結果とは比較できない。スターンの低い時間選好率については、これまでの経済分析の知見からは小さすぎ、現在の経済活動を過度に抑制してしまうとの指摘がある。

（8）Nordhaus(1994) では時間選好率は３％、Nordhaus(2013) では４％との記述があるが、ＤＩＣＥ２０１６の基本解では１・５％を用いている。１・５％の場合は１００年後の効用の割引現在価値は23％となる。

（9）時間選好率の設定により、将来の消費から得る効用の価値、将来の温暖化によって発生する被害の価値が異なってくる。これは温暖化問題以外にも当てはまるため、さまざまな異時点間の経済問題は時間選好率をどう考えるかに帰着すると言われる。

for a Warming World, Yale University Press（『気候カジノ——経済学から見た地球温暖化問題の最適解』藤﨑香里訳、日経BP、2015年）

[3] Scarf, H.E.（1981）, "The Computation of Equilibrium Prices: An Exposition," in K.J. Arrow and M.D. Intrilligator eds., *Handbook of Econometrics 2*, 1007-10061, North-Holland.

【時間選好率】

DICEモデルの説明において、時間選好率について触れたが、時間選好率が異時点間の経済行動にどのように影響するかを説明しておく（ここでは、割引率と区別せず用いる）。

時間選好率とは、現在と将来の消費や効用の評価をどのように行うかを表しており、その数値がゼロであれば現在と将来を同じように評価して

図表 K5－1　割引率10%のときの割り引の推移

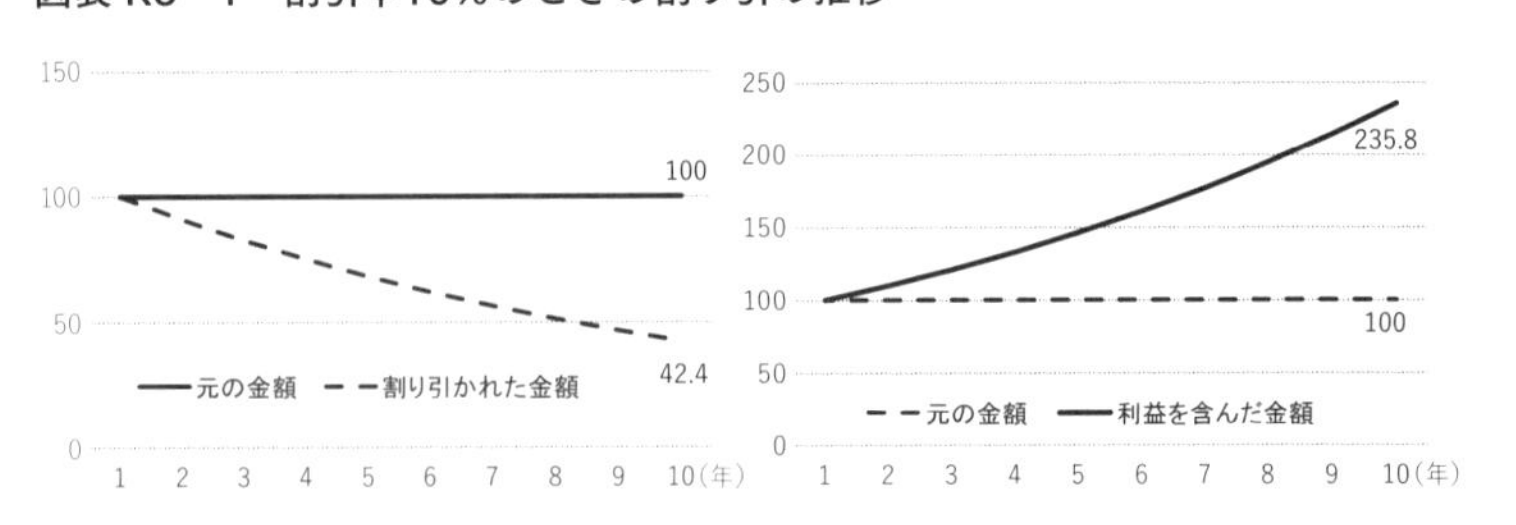

おり、その数値が大きければ将来を現在よりも低く評価しており、その数値がマイナスであれば将来を現在よりも高く評価していることになる。経済学的には原則マイナスの時間選好は考慮しない。

　資産の運用を例に考える。仮に現在の資産（１００）を運用すると一定の利益（10％）が期待できるとする。今年の１００は来年には１１０になり、再来年には１２１となる。ここから来年の１１０は今年の１００から生み出されたものであり、同じ価値（来年の１１０を今年の価値に直すと１００）と考える。[10] このことから来年の１１０の価値は、今年の90・9と計算することができる。

　このようにある財の将来の価値を現在の価値に直したものを割引現在価値と呼び、異時点の利益やコストを足し合わせたり、比較したりするときには、そのままの値ではなく割引現在価値を用いる必要がある。この考え方は、費用便益分析で長期にわたるプロジェクトの評価を行う際などにも用いられる。[11]

　図表Ｋ５-１の左は、10％で10年間割り引いた場合の割引現在価値の推移を示している。10年後の１００の価値は現在の42・４となる。これ

（10）1期後であれば110＝100×（1＋0.1）→$\frac{110}{1+0.1}$＝100、2期後ならば120＝100×（1＋0.1）^{2}→121/(1＋0.1)2＝100。一般に時間選好率をρとするとt期後の値yの割引現在価値は、$y/(1+\rho)^t$ で求められる。

（11）プロジェクトから得られる便益（Bt）と発生するコスト（Ct）について以下の式のように割引現在価値の和を計算し、その比が1を超すならばそのプロジェクトは実行する価値があると判断される。

$$\frac{B}{C}=\frac{\sum_t \frac{B_t}{(1+i)^t}}{\sum_t \frac{C_t}{(1+i)^t}}$$

は図の右のように捉えることもでき、環境問題などを考察する際は、暗黙にこちらの考え方を用いている場合がある。

右の図の利益を含んだ金額というのは、10%の複利で１００が増えていった場合の値であり、最初の年の１００は10年後には２３５・８となる。このとき、10年後の１００が２３５・８に占める割合は42・４%となる。

これを環境問題について当てはめると、環境破壊により損害が毎年１００発生したとしても、経済が成長しその規模が大きくなっているのであれば、毎年発生する損害を埋め合わせる際の将来の方が負担は少なくなる。つまり、同じ金額ではあるが重要性は当初の42・４%まで下がっていると考えることができる。

次に、時間選好（割引の程度）が人々の経済行動に与える影響を考える。ここで、人々が消費から受け取る満足を示す効用関数は、消費が大きくなるほど効用も大きくなるが、消費が2倍になっても効用は2倍未満しか増えないと仮定する。例えば効用は消費額をルートしたものとすると、消費額が2倍になっても効用は１・４倍しか増加しない。

期間（10年）を通じて総量で１０００の消費を行う状況を考える。図表K５-２は、時間選好率による効用の和の変化を示したものである。上の表の消費額の数値をみると、左に「毎期１００の消費」をした場合、右に「手前に厚い消費」をした場合が記載されている。それぞれの消費額をルートしたものが効用として計算され、２列目は割引がない場合（割引率＝０%）、３列目は割引が行われる場合（割引率＝10%）とし、最後の行に効用の和が計算されている。

時間選好率はゼロで割り引きが行われず、現在の消費も将来の消費も評価が変わらないとすると、時間を通じた消費は１０００を10年で割

図表 K5－2　時間選好率の有無による消費活動の変化（仮説例）

	毎期100の消費			手前に厚い消費		
時点	消費額	効用 時間選好率 （0%）	効用 時間選好率 （10%）	消費額	効用 時間選好率 （0%）	効用 時間選好率 （10%）
1	100	10	10.0	145	12.0	12.0
2	100	10	9.1	135	11.6	10.6
3	100	10	8.3	125	11.2	9.2
4	100	10	7.5	115	10.7	8.1
5	100	10	6.8	105	10.2	7.0
6	100	10	6.2	95	9.7	6.1
7	100	10	5.6	85	9.2	5.2
8	100	10	5.1	75	8.7	4.4
9	100	10	4.7	65	8.1	3.8
10	100	10	4.2	55	7.4	3.1
計	1,000	100	67.6	1,000	98.9	69.5

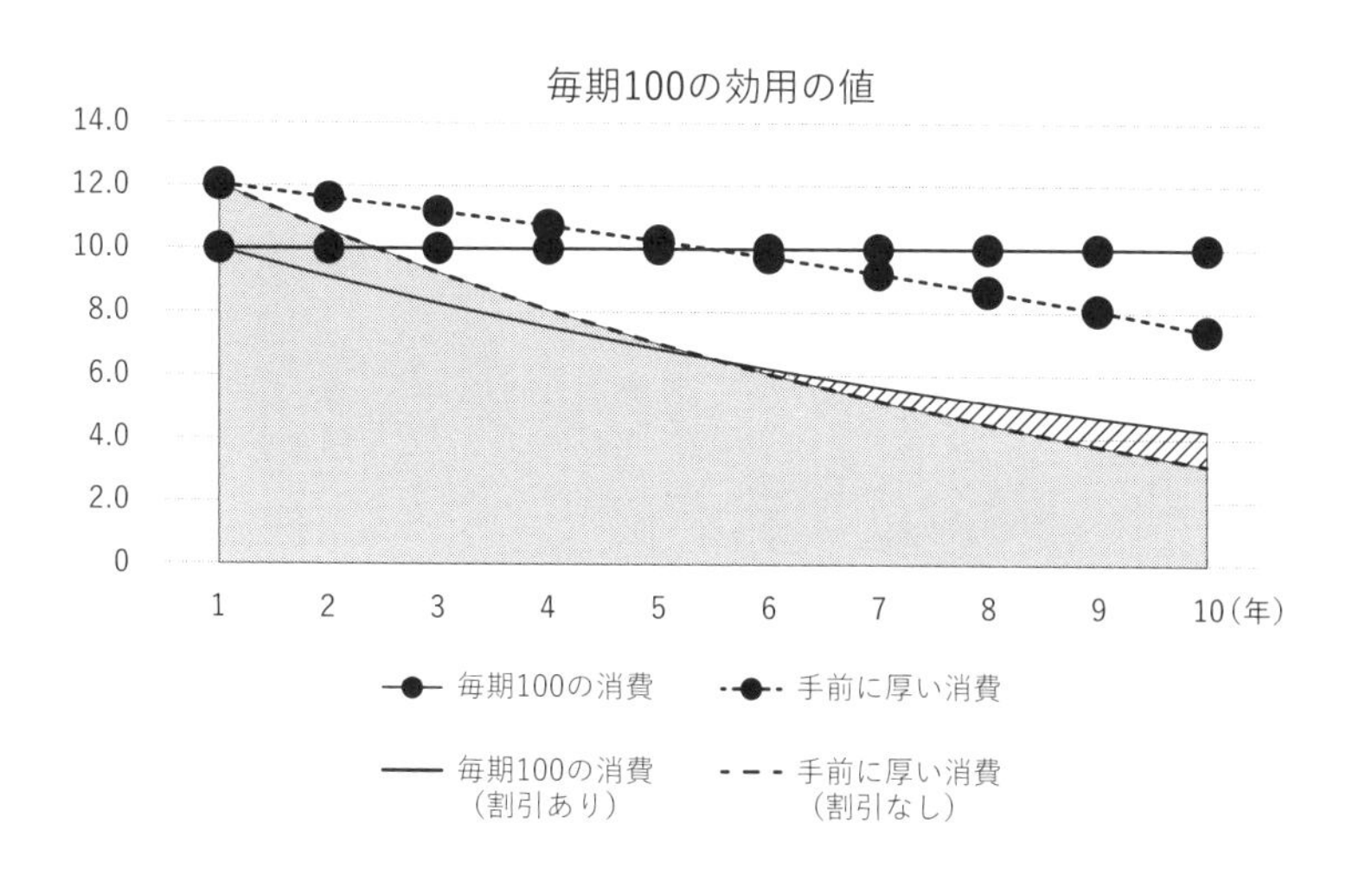

った、毎期１００の一定値となる。効用関数の仮定により、ある時点から別の時点に消費を移動させた場合、移動させた消費の増加よりも満足の増加が低くなるため、消費を毎期同じになるように平準化した方が効用の総量が大きくなるためである。[12]

このことは、表の「毎期１００の消費」と「手前に厚い消費」それぞれ２列目の効用の和を比較することで確認できる。これは図表Ｋ５-２の下図の●の付いた実線（毎期１００の消費）と●の付いた点線（手前に厚い消費）として図示されており、手前の消費を厚くした効用の増加よりも、消費を減らした将来の効用の減少が大きい。

次に時間選好率がプラスの場合を考える。将来の効用を時間選好率で割り引き、その割引現在価値を考慮したうえですべての時間を通じた和を計算することになる。この場合、将来の効用は割り引かれて小さくなるので、時間選好率がゼロの場合よりも将来の消費の価値が減少する。そのため、すべての期間で同じ消費を行うよりも、消費を将来から現在に移すことで消費の価値を高め、期間を通じての効用を高くすることができる。

表では、時間選好率を考慮して、それぞれの効用を割り引いたものが３列目に記載されているが、手前に厚い消費の方が、効用の総和が大きくなっている。下の図を見ると、実線（毎期１００の消費〈割引あり〉）と点線（手前に厚い消費〈割引なし〉）では、点線の方がその下の面積（期間を通じた効用の和を表す）が大きくなっている。

表では「毎期１００の消費」と比べて、「手前に厚い消費」の場合は最初の期の消費が１００＋45＝１４５であり、最後の期の消費が１００－45＝55と同額（45）の変化となっているが、割引を含めると最初の期の効用が12－10で２上がるのに対して、最後の期の効用の下落は３・１

－4・2でマイナス1・1に収まっており、将来から現在への消費の変化が効用の増加に貢献したことを確かめることができる。

このように、時間選好がある場合には消費を手前にすることで効用を高くすることができたが、これが損害などのマイナスの影響の場合はどうなるだろうか。損害は効用とは異なり小さい方が望ましいため、効用における行動とは逆の結果を導くことができる。つまり、手前の期の損害を小さくし、将来の損害を大きくするように損害を割り振ることが、全体としての損害を減少させる。

ここまでの考察を地球温暖化問題に当てはめてみよう。地球温暖化問題では、将来の温暖化は現在の経済活動によりもたらされ、現在の経済活動が大きい方が将来の損害額も大きくなると考えられる。

しかし、人々の時間選好率を考えると、将来の効用や損害は割り引かれ小さくなる。そのため効用を高くしたいのであれば手前での経済活動を活発化した方が望ましく、地球温暖化は現在よりも将来の方が一層大きな影響をもたらすが、将来の損害は割り引かれ小さく評価されるため、損害は先送りすることが望ましいとなる。

また、手前での経済活動を活発化することは将来の経済規模が大きくなることにつながるので、図表K5－2の下図の考え方からは経済発展は相対的に将来のコスト負担を減らすように働く。

(12) 仮に効用の増え方と消費の増え方が同じように変化する（例えば効用は消費額にある定数を掛けて表される）ならば、消費を移動させた場合、減らした時点と増やした時点での効用の増減は相殺するので、時間を通じてどのように1000の消費を割り振っても受け取る効用の総量は等しくなる。

このように考えると、時間選好率が大きければ、現在の経済活動を活発化し、地球温暖化の損害を将来に先送りすることが望ましいという結論が導かれる。

高すぎる時間選好率を仮定することは、現在の経済活動を肯定し、将来世代に損害を先送りすることを許容することにつながるため、将来世代への責任という側面からも慎重な判断が必要となる。

【執筆者紹介】（五十音順）

落合勝昭（おちあい・かつあき、産業連関分析担当、第1、2、4、7章、CNキーワード執筆）
日本経済研究センター特任研究員
1992年千葉大学法経学部卒、92～95年経済企画庁（現内閣府）、2005年日本経済研究センター研究員、08年一橋大学大学院経済学研究科博士後期課程単位取得退学、13年より日本経済研究センター特任研究員、19～21年学習院大学特別客員教授

川崎泰史（かわさき・ひろふみ、CGE分析担当、第1、2、4章執筆）
日本経済研究センター特任研究員
1984年東京大学法学部卒、経済企画庁（現内閣府）入庁、2008～10年日本経済研究センター主任研究員、13～17年内閣府経済社会総合研究所上席主任研究官、19年より日本経済研究センター特任研究員、21年東京経済大学客員教授（現職）

小林辰男（こばやし・たつお、全体編集担当、序章、第1、2、4章、CNキーワード執筆）
日本経済研究センター主任研究員／政策研究室長
1989年早稲田大学大学院理工学研究科修士課程修了、日本経済新聞社入社、科学技術部、産業部、経済部を経て2008年日本経済研究センター主任研究員、14年から政策研究室長を兼務、ボストン大学経営学修士

猿山純夫（さるやま・すみお、マクロ経済分析担当、第1、2章執筆）
日本経済研究センター首席研究員
1983年東京大学教養学部卒、日本経済新聞社入社、データバンク局で計量モデル予測、産業連関分析を担当、98年同社電子メディア局チーフエコノミスト、2005年日本経済研究センター主任研究員、11年研究本部長を兼務、14年から現職、法政大学経済学博士

鈴木達治郎（すずき・たつじろう、第3章執筆）
日本経済研究センター特任研究員
1975年東京大学工学部原子力工学科卒、89年マサチューセッツ工科大学国際問題研究センター主任研究員、97年電力中央研究所研究参事、2004年東京大学大学院法学政治学系特任教授、10年1月～14年3月原子力委員会委員長代理、14年4月～長崎大学核兵器廃絶研究センター（RECNA）教授（現職）、14年5月より日本経済研究センター特任研究員、東京大学工学博士（原子力）

【編著者紹介】

小林光（こばやし・ひかる、第4、5、6、7章執筆）
日本経済研究センター特任研究員
1973年慶應義塾大学経済学部卒、環境庁（現環境省）入庁、地球環境部環境保全対策課長（京都議定書交渉担当）、地球環境局長を経て2009年事務次官。11年慶應義塾大学教授、日本経済研究センター特任研究員、15年東京大学教養学部客員教授（現職）、東京大学工学博士（都市計画）

岩田一政（いわた・かずまさ、第8章執筆）
日本経済研究センター理事長
1970年東京大学教養学部卒、経済企画庁（現内閣府）入庁、同庁経済研究所主任研究官などを経て91年東京大学教養学部教授、2001年内閣府政策統括官、03年日本銀行副総裁、08年内閣府経済社会総合研究所所長、10年日本経済研究センター代表理事・理事長、18年より中央環境審議会カーボンプライシングの活用に関する小委員会委員、19年から総務省 AI 経済検討会座長

カーボンニュートラルの経済学

2021年11月25日　1版1刷
2023年1月27日　　4刷

編著者　小林光・岩田一政
　　　　日本経済研究センター

発行者　國分正哉

発　行　株式会社日経BP
　　　　日本経済新聞出版
発　売　株式会社日経BPマーケティング
東京都港区虎ノ門4-3-12　〒105-8308

装丁・野網雄太
印刷・製本　中央精版印刷
DTP　CAPS
ISBN978-4-532-35904-1 Printed in Japan

マネジメント・テキストシリーズ！

生産マネジメント入門（Ⅰ）
——生産システム編——

生産マネジメント入門（Ⅱ）
——生産資源・技術管理編——

藤本隆宏［著］

イノベーション・マネジメント入門（第2版）

一橋大学イノベーション研究センター［編］

人事管理入門（第3版）

今野浩一郎・佐藤博樹［著］

グローバル経営入門

浅川和宏［著］

MOT［技術経営］入門

延岡健太郎［著］

マーケティング入門

小川孔輔［著］

ベンチャーマネジメント［事業創造］入門

長谷川博和［著］

経営戦略入門

網倉久永・新宅純二郎［著］

ビジネスエシックス［企業倫理］

髙　巖［著］